Aprender apicultura para principiantes - De la apicultura a la miel

Cómo aprender fácilmente los fundamentos de la apicultura, criar abejas y producir tu propia miel en muy poco tiempo

Sabine Grass

CONTENIDO

Introducción 1

Abejas para principiantes 2

La abeja 2

La abeja desde una perspectiva zoológica.........2

Biología de la abeja melífera 3

Relaciones 4

Mimetismo de las moscas voladoras 5

Cintura de avispa...5

Apiformes - las abejas 6

Las abejas de la miel 8

Anatomía - La estructura corporal de la abeja melífera 10

Anatomía externa: envoltura corporal, alas y patas...10

Abejas...11

El caput de la abeja melífera - cabeza.............13

El tórax de la abeja melífera - pecho 16

El abdomen de la abeja melífera - abdomen...20

Fisiología de la abeja melífera 23

Ingesta de alimentos y digestión 24

¿Vegetarianos puros? 26

La burbuja de miel..............................26

El sistema endocrino 27

Glándulas exocrinas: glándulas venenosas, glándulas odoríferas y glándulas cereras.........28

Hormonas y feromonas: un sistema estrictamente coordinado 29

Excrementos y orina de las abejas..................29

El cuerpo graso..................................30

El sistema traqueal para respirar 31

Órganos sensoriales de la abeja melífera 32

Comunicación y comportamiento 35

La abeja 36

Feromonas 36

Trofalaxis - la alimentación social 37

Panal..39

Sterzeln 39

La danza de la cola: el lenguaje dancístico de las abejas 40

La nidada 42

Expansión y división de la nación..................43

El flechazo: mudarse a una nueva casa...........43

La Umweiselung - Nacimiento de una nueva reina 44

Recreación - La pérdida de la Reina 45

El Tracht - La base alimentaria de la abej 46

Traje de construcción / traje de desarrollo......47

Cosecha temprana 48

Traje de principios de verano 49

Traje de verano 50

Spättracht................51

Rocío de miel................52

Asignación de puestos en la colmena 53

Abejas limpiadoras................54

Abejas nodrizas 55

Abejas constructoras................55

Fabricantes de miel................57

Guardián................58

Recolección de abejas................59

Abeja de pista................61

Abejas de invierno................62

La Reina 62

Drone 63

El nido 65

La metamorfosis de la abeja 65

El enjambre 67

Enjambre 68

El extracto 70

Formación de un nuevo pueblo 72

¿Qué ocurre con los ancianos? 73

¿Cómo empezar? 75

Antes de empezar 76

¿Cuándo es el mejor momento para empezar?
77

Preparación 78

Las colmenas 78

El lugar...80

Transporte de abejas 81

Solicitar un certificado sanitario: los trámites
necesarios 83

El apicultor 84

¿Qué tengo que hacer como apicultor? 85

Cámara de cría y cámara de miel.................85

Propagación controlada.............................86

Promover la higiene: Higiene en panal...........86

Alimentación 86

¿Pasatiempo o profesión? 87

El equipo apícola 88

Revista colmena 89

Los marcos 89

La pared central 91

El traje de apicultor.................................93

Ropa para el procesado de la miel.................94

Ahumador 94

Alternativa al fumador: el atomizador............95

Panal...95

Cincel de palo 96

Escoba de abeja 96

Agua 97

La colonia de abejas a lo largo del año 98

Principios de primavera 99

Primavera 100

Principios de verano 100

Solsticio de verano 101

Finales de verano 102

Principios de otoño 103

Otoño e invierno 103

Se pone serio: trabajar en tu colonia de abejas 105

Gestión del espacio 106

Propagar la colonia 107

Incubadora 107

Enjambre artificial 109

División en Flugling y Fegling 111

Añadir la reina 112

Reutilización planificada 113

Rehacer los panales 115

Alimentar a tus abejas 116

Alimentación de invierno 116

Alimentación de emergencia 117

Controla a tus abejas 118

Basura 118

La revisión de primavera 120

Controles de enjambre 121

Revisión exhaustiva en otoño 123

Controles de invierno 125

Documentación de tu trabajo 126

Mapa del bastón 127

Libro de la miel... 127

Libro de existencias.. 127

El panal y la cera 128

Identifica y sustituye los peines viejos 129

Cera 130

Fundir cera tú mismo 131

Aclarar la cera 132

Hacer cera para velas.............................132

Aspectos básicos de la higiene 134

Limpiar y guardar tu equipo 135

Tu propio espacio de trabajo 135

Consideración médica 137

Ácaro Varroa - Varroa destructor 138

Concepto de tratamiento integrado en tres partes 138

Trata los retoños con ácido láctico 143

Loque americana 144

La miel 145

Miel - ¿Qué es exactamente? 145

Ingredientes de la miel...........................146

Tipos de miel...................................147

Variedades de miel y miel varietal - ¿Cuál es la diferencia? 148

Fuente de miel - néctar..........................148

Fuente de miel - Honeydew.......................149

Recoger polen 149

Trachtpflanzen 150

Miel - Lo que hace la abeja 153

Miel - Qué hace el apicultor 154

Eliminación del panal 154

Descubre 155

Gira 156

Tamizar y colar 157

Desnatado 158

Cristalización 159

Remueve 159

Inoculación de mieles de verano 160

Llenado 161

Y ahora, ¡a la colmena! 170

Lista de términos técnicos 172

Introducción

Hola, ¡amante de la naturaleza!

¿Qué te atrae de la apicultura? ¿Es la perspectiva de producir tu propia miel y tener el delicioso producto natural fresco en tu mesa del desayuno cada mañana? ¿O es la fascinación por el organismo "abeja", que destaca como obra maestra de la evolución? Quizá sea una mezcla de ambas.

Cuando tengas este libro en tus manos, ¡te espera un viaje apasionante! Tal vez las primeras abejas ya estén zumbando en tu jardín y volando desde la colmena para recolectar abundante miel. O tal vez estés pensando en la posibilidad de adquirir una colonia.

Este libro te proporciona unos sólidos conocimientos básicos sobre la apicultura y las tareas que conlleva, sobre la extracción y el procesamiento de la miel y, por último, por supuesto, sobre la abeja melífera.

¿Qué es la abeja, qué estructuras sociales prevalecen en una colonia de abejas y cómo puedes tú, como ser humano, intervenir en estas estructuras para obtener una abundante cosecha de miel? Seguro que podrás responder a todas estas preguntas y a muchas más al final de este libro.

Abejas para principiantes

Si tienes este libro en tus manos, ya has dominado el primer paso hacia una carrera apícola de éxito. En este primer capítulo aprenderás todo lo que necesitas saber sobre la apicultura antes de tener tu propia colonia. En primer lugar, se habla de la abeja y de las características de esta especie. A continuación, se explican las habilidades y cualidades que debe tener y aprender un apicultor y, por último, se presenta el equipo que debes adquirir. Así pues, este capítulo te proporciona todo tipo de conocimientos teóricos e información básica sobre las abejas, la apicultura, la salud de las abejas y también la importancia de la abeja para un medio ambiente sano.

LA ABEJA

Hasta la fecha, sólo en Alemania se conocen más de 500 especies de abejas autóctonas. La abeja de la miel es sólo una de muchas, pero la que nos da la tan deliciosa miel. Este capítulo trata sobre la abeja de la miel. Aprenderás qué distingue a la abeja de la miel de las demás especies de abejas y qué la hace tan especial, y por qué es exactamente tan importante para la apicultura.

La abeja desde una perspectiva zoológica

La zoología es el estudio del reino animal y, dentro de este estudio, todas las formas de vida animal que caminan sobre la tierra se clasifican en un sistema. Por ejemplo, se distinguen distintas clases, como insectos, mamíferos, peces y reptiles. La abeja pertenece a la clase de los insectos. Dentro de esta clase, la abeja de la miel se clasifica en el orden de los himenópteros. Dentro de este orden, las abejas forman varias familias, incluida la familia de las abejas verdaderas (Apidae), a la que pertenece la abeja de la miel con el término técnico latino *Apis mellifera*. En total, hay unas 12.000 familias de abejas diferentes en todo el mundo.

Lo que más distingue a la abeja de la miel *Apis mellifera* de las demás familias de abejas es que hiberna unida como colonia. Al menos entre las familias de abejas autóctonas de Alemania, esto sólo ocurre en las abejas de la miel. Forman una colonia que almacena miel durante el verano, que utilizan para mantenerse sanas y bien alimentadas durante el invierno, especialmente su reina.

BIOLOGÍA DE LA ABEJA MELÍFERA

Para que puedas comprender adecuadamente a la abeja y responder a sus necesidades, es útil que primero te informes sobre las condiciones de este animal y lo conozcas un poco mejor. En este subcapítulo se tratará la biología de la abeja de la miel. Aprenderás las características anatómicas y fisiológicas de la abeja y cómo se comunican entre sí las abejas individuales de una colmena.

Relaciones

La mayor diferencia entre la abeja de la miel *Apis mellifera* y las demás especies de abejas radica en su modo de vida y en el hecho de que pasan el invierno juntas en una colmena. Desde un punto de vista puramente externo, las especies de abejas sólo difieren ligeramente entre sí. Por tanto, todas descienden de una "abeja primordial" original.

Las abejas pertenecen al filo Arthropoda. Como tales, tienen patas divididas en distintos segmentos. Otros artrópodos son los escorpiones, las arañas y los crustáceos. Además, el cuerpo de la abeja melífera presenta dos constricciones distintas. Esto da lugar a una división tripartita del cuerpo del insecto adulto (también llamado imago) en cabeza, tórax y abdomen. Estas constricciones marcan la pertenencia de la abeja a la clase de los animales con muescas (insectos). Dentro de esta clase, las abejas pertenecen a los himenópteros. En ella se incluyen las abejas, las hormigas, las avispas y otros insectos con alas translúcidas. Estas alas translúcidas, de las que todos los Himenópteros tienen dos pares, son el sello distintivo de este orden.

El orden Hymenoptera puede subdividirse en avispas de las plantas y avispas de la cintura. Las abejas también pertenecen a este último grupo. Dentro del grupo de las avispas de cintura, la abeja de la miel puede asignarse a las avispas picadoras y forma su propia superfamilia Apoidea. Dentro de la Apoidea se desarrollan varios géneros, entre ellos la abeja de la miel *Apis mellifera.*

Mimetismo de las moscas voladoras

Las abejas se consideran útiles y peligrosas al mismo tiempo, ya que segregan veneno con su aguijón, que es letal para muy pocos mamíferos, pero que en la mayoría de los casos se percibe al menos como muy doloroso. Algunos otros insectos se aprovechan de este sano respeto adaptando su aspecto al de los insectos más peligrosos. Este fenómeno se denomina mimetismo y el mejor ejemplo es la mosca planeadora. Ésta tiene el abdomen rayado de amarillo-marrón o amarillo-negro, imitando a la abeja. No te dejes engañar por esto. La mosca planeadora es inofensiva e inútil para la producción de miel.

Cintura de avispa

Las abejas pertenecen a las avispas de cintura y se caracterizan por una clara constricción entre el pecho y el abdomen, la cintura. Éste es el origen del término cintura de avispa, que se utiliza hoy en día para describir formas corporales mayoritariamente femeninas.

Las avispas de cintura tienen otra característica especial: todas tienen aguijón. En este caso, se puede distinguir entre dos especies en función del uso que hacen de este aguijón. Las avispas ponedoras (Terebrantia) utilizan su aguijón para poner huevos, mientras que las avispas picadoras (Aculeata), a las que también pertenece la abeja de la miel, han convertido su aguijón en un aguijón defensivo con una glándula de veneno. Ésta es también la razón por la que sólo las hembras tienen un aguijón defensivo, ya que se ha desarrollado a partir del tubo ovipositor utilizado originalmente para poner huevos. Otros representantes de las avispas urticantes son las avispas verdaderas, las avispas doradas y las avispas excavadoras, así como las hormigas. Las avispas excavadoras y las avispas araña siguen utilizando el aguijón para aturdir a las presas y luego transportarlas a sus propios nidos como alimento para las larvas.

Sin embargo, la abeja de la miel y otros representantes de los insectos que pican sólo utilizan el aguijón para defenderse, por lo que también se denomina aguijón defensivo. El veneno que inyecta el aguijón está diseñado para causar dolor al atacante, de modo que abandone rápidamente el plan de dañar a las abejas.

Apiformes - las abejas

¡Hemos llegado a las abejas melíferas actuales! Pero no sólo las abejas pertenecen a los Apiformes, sino también los abejorros, por ejemplo. Hay abejas solitarias, es decir, que viven solas, y también especies que forman estados. La abeja de la miel es la única especie de abeja alemana que hiberna como colonia. Sin embargo, la mayoría de las especies son las llamadas abejas solitarias, que viven completamente solas y también cuidan de su nido de cría de forma independiente. También existen, de forma similar al reino de los pájaros, las abejas cuco. Como su nombre indica, se trata de especies de abejas que ponen sus huevos en nidos de cría ajenos, de modo que también se abastecen allí. Algunas abejas cuco incluso se comen los huevos y las larvas de la abeja huésped, de modo que ésta alimenta exclusivamente a las larvas de la abeja cuco.

Las Apiformes se alimentan básicamente sólo de alimentos vegetales, que serían: polen, néctar y melaza. El polen, también conocido como polen, lo produce la planta para la reproducción sexual. Las abejas utilizan el polen como fuente de alimento rico en proteínas. La estructura superficial del polen difiere según la especie vegetal, por lo que es posible analizar el polen de la miel y asignarlo con precisión a distintas familias de plantas, géneros e incluso especies individuales. La ciencia del análisis de la miel se llama *melisopalinología*.

Las plantas producen néctar para atraer a los insectos, que se encargan de esparcir el polen. Las abejas utilizan este néctar para producir la clásica miel de flores. El néctar es básicamente un líquido azucarado segregado por unas glándulas especiales llamadas nectarios. Según las condiciones climáticas, el tiempo reinante y la hora del día, la cantidad de néctar por flor varía, a veces considerablemente.

Por último, las abejas también se alimentan de melaza. La melaza es segregada por pequeños insectos que chupan las plantas. Se trata principalmente de pulgones, pulgones de la corteza y cigarras. La melaza se compone principalmente de azúcar, por lo que a veces también se denomina miel de hoja. La melaza produce miel de mielada, que también se llama miel de bosque. El néctar y la melaza se almacenan en la llamada vejiga melífera. Se trata de una estructura en forma de buche situada en la

probóscide. Ambas sustancias son recogidas exclusivamente por las hembras y utilizadas para alimentar a las
larvas. El polen se transporta de distintas formas y, en
consecuencia, las abejas pueden dividirse en distintas
especies. Están las recolectoras de cesta, que incluyen los
abejorros y las abejas melíferas. Éstas recogen el polen en
un bolsillo de sus patas traseras. Las recolectoras de patas
no tienen ese bolsillo, sino que adhieren el polen a los
panales de cerdas de las patas traseras.

Representantes de esta especie son, por ejemplo, las
abejas peludas, las abejas de cuernos largos, las abejas de
cuernos de sierra y las abejas musleras y pantaloneras. La
siguiente especie se denomina colector abdominal. Tienen
un bolsillo en el abdomen, comparable al de las recolectoras abdominales, en el que pueden almacenar el polen de
forma segura. Entre ellas están las abejas cortadoras de
hojas y las abejas del mortero. Por último, están las abejas
del buche, que no transportan el polen al exterior, sino
que lo almacenan internamente en un buche. Las abejas
bociófagas son abejas exclusivamente solitarias, como las
especies autóctonas abejas de la seda y abejas enmasca-
radas.

Las abejas de la miel

Entre las abejas melíferas, no sólo existe la especie *Apis
mellifera*, la abeja melífera occidental. En cambio, se conocen 9 especies de abejas melíferas en todo el mundo. La
abeja melífera occidental es la única especie de abeja
melífera autóctona de Europa y también la especie de
mayor importancia para la apicultura. Originaria de Eu-

ropa, África y Oriente Próximo, la abeja occidental de la miel ha sido extendida por todo el mundo por el hombre. Sólo en Asia se utiliza también para la apicultura la abeja melífera oriental (*Apis cerana*).

La abeja occidental de la miel puede dividirse en varias subespecies, que han sido influenciadas por el hombre mediante la cría. Esto ha dado lugar a unas 25 razas diferentes, de las que **en Alemania se** utilizan principalmente **cuatro razas para la apicultura:**

• **Carnica**: abeja de Carintia; *Apis mellifera carnica*

• **Ligustica**: abeja italiana; *Apis mellifera ligustica*

• **Mellifera**: Abeja europea oscura; *Apis mellifera mellifera*

• **Buckfast**: cría híbrida de diferentes razas

Consejo: Si quieres adquirir tu primera colonia de abejas, debes elegir una colonia que proceda de la misma región en la que quieres criarla. Al aparear diferentes colonias de abejas muy próximas, con el tiempo se desarrolla una "raza" propia, la llamada raza autóctona. Ésta se adapta de forma óptima al clima y a las condiciones locales de su tierra natal y suele formar colonias más estables y sanas.

ANATOMÍA - LA ESTRUCTURA CORPORAL DE LA ABEJA MELÍFERA

El peso de una sola abeja de la miel es de sólo 0,1 gramos. Su anatomía, la estructura de su cuerpo, es muy filigrana y ligera para que pueda mantenerse en el aire sin gran esfuerzo. Al mismo tiempo, es estable y robusta para poder transportar una carga útil del 50 % de su propio peso corporal. Una abeja puede transportar hasta 0,05 g de néctar y volar con él varios kilómetros de vuelta a la colmena.

Una verdadera proeza de la que es capaz la abeja gracias a su especial anatomía. Como insecto, la abeja tiene las clásicas constricciones y la triple división del cuerpo en cabeza (latín caput), tórax (latín thorax) y abdomen (latín abdomen).

Anatomía externa: envoltura corporal, alas y patas

Una abeja se enfrenta a varios problemas a lo largo de su vida: Tiene que volar y, al mismo tiempo, ser lo bastante ligera para poder soportar el peso del transporte, además de su propio peso. Debe ser ágil y ágil para desplazarse en los confines de la colmena. Y debe ser capaz de trepar por terrenos accidentados y precipicios verticales, en este caso sobre todo panales.

Las patas de la abeja están unidas al centro de gravedad junto con las alas para mejorar la aerodinámica. La envoltura del cuerpo está formada por un exoesqueleto.

Este caparazón exterior estabiliza el cuerpo del insecto y le da su forma. Es similar a lo que hace el esqueleto de los mamíferos, sólo que desde el exterior. Los músculos y los órganos se encuentran dentro de este exoesqueleto. Para ser especialmente ligero y así poder volar, la estructura está hecha de un compuesto de fibras de quitina con proteínas estructurales. El armazón de quitina obtiene su estabilidad de su estructura: está dispuesto en forma de costillas y pliegues, por lo que es resistente y duro, pero al mismo tiempo especialmente ligero. La quitina es un polisacárido, un azúcar múltiple que se encuentra de forma natural en hongos, artrópodos como insectos y moluscos, así como en algunas especies de peces. Es comparable a la celulosa, que confiere cierta estabilidad a las plantas. La quitina, por ejemplo, proporciona una estabilidad similar. Ésta es incluso significativamente mayor que la estabilidad de la celulosa, debido a un grupo acetamida que contiene nitrógeno.

La abeja de la miel tiene seis patas, todas ellas equipadas con pequeñas garras en los extremos. La multitud de patas y las púas permiten a las abejas atravesar con seguridad y eficacia incluso los terrenos más intransitables.

Abejas

Se denomina abejas melíferas a las abejas que son anatómicamente diferentes entre sí. En una colmena de la abeja occidental de la miel hay tres: los zánganos, con sus ojos especialmente grandes, la reina, que destaca por un abdomen claramente más largo, y las obreras.

Las obreras, como prototipo de las abejas, están universalmente equipadas. Constituyen la mayor parte de la población de abejas de una colonia y son todas hembras, pero con un aparato sexual inactivo. Ésta es la mayor diferencia entre una abeja obrera y la reina.

La anatomía externa de la reina es muy similar a la de una obrera y sólo difiere en los ovarios activos y las glándulas odoríferas especiales. En estado de apareamiento, cuando comienza la producción de huevos, el abdomen de la reina se hincha considerablemente y ahora puede distinguirse fácilmente de las obreras desde el exterior. Las glándulas odoríferas de la reina segregan feromonas especiales que son importantes para la colonia. Refuerzan la cohesión y proporcionan la base para la coordinación de todo el trabajo en la colmena. Las feromonas son olores y atrayentes especiales y se utilizan para la comunicación general y especial. Así, determinadas feromonas de la reina pueden influir en el comportamiento de las abejas. La reina utiliza sus feromonas como herramienta para dirigir a su colonia.

El zángano es la abeja macho. Su única tarea es aparearse con la reina y contribuir así a la supervivencia de la colonia. No tiene aguijón y posee alas más grandes que las obreras para volar más rápido y seguir el ritmo de la reina. Para aparearse durante el vuelo nupcial, tiene unas almohadillas de pelo especiales en las patas traseras con las que puede sujetar a la reina en vuelo. Para percibir con especial sensibilidad las feromonas de la reina, las antenas de los zánganos son más largas y están dotadas de más células sensoriales que las de las obreras. Y probablemente la característica más llamativa son los grandes ojos del zángano, que van acompañados de una excelente visión, de modo que el zángano puede percibir sin duda a la abeja reina incluso a gran distancia y seguir con su trabajo.

El caput de la abeja melífera - cabeza

La primera parte del cuerpo tripartito es la cabeza. Es el centro de control superior y la sede de la mayoría de los órganos sensoriales. Los insectos no tienen cerebro, como lo tienen los mamíferos y los humanos. En su lugar, en la cabeza se encuentran varios ganglios nerviosos grandes, llamados ganglios, que en conjunto tienen la función de un cerebro. Las vías nerviosas salientes y entrantes garantizan que la abeja siempre sepa exactamente lo que ocurre en su cuerpo y pueda controlar conscientemente todos los movimientos musculares.

A los lados de la cabeza hay dos grandes ojos compuestos. Cada uno de ellos consta de varios miles de ojos individuales (llamados ommatidios), lo que permite a la abeja ver formas y movimientos complejos. Cada ommatidio consta de una lente y células sensoriales, por lo que es un ojo diminuto que funciona plenamente por sí solo. Los ojos son inmóviles, perciben sólo una pequeña parte del entorno y envían la información al centro ganglionar, donde se junta la información de todos los ommatidios. De este modo, muchas imágenes individuales se convierten en una cuadrícula que representa el entorno. Con los ojos compuestos, las abejas pueden percibir muy bien los movimientos e, incluso en vuelo rápido, el entorno se muestra nítidamente, pero con cierta pérdida de detalle. Los detalles sólo pueden ser mostrados por los ojos compuestos cuando se encuentran en las inmediaciones.

En la parte frontal de la frente hay tres ojos individuales, que se denominan ojos puntiformes (ocelos). Los ocelos sólo pueden verse cuando se mira a la abeja muy de cerca, pues su diámetro es de sólo unos milímetros. No tienen ni siquiera el tamaño de la cabeza de un alfiler y además están semiocultos por las cerdas de la cabeza de la abeja. Cada uno de los ocelos contiene varios centenares de células sensibles a la luz. Las grandes lentes enfocan incluso las cantidades más pequeñas de luz, lo que subraya la finalidad de los ocelos como órgano de percepción de la luz. La abeja tiene un reloj interno especialmente fiable gracias a sus ocelos.

Las antenas también salen del lateral de la cabeza. A los profanos les gusta llamarlas antenas, pero el término antenas es anatómicamente correcto. Las antenas permiten a las abejas oler, sentir y percibir las vibraciones a su alrededor. Las antenas están formadas por segmentos cortos, en número de 10. Cada segmento individual consiste en un tubo corto recubierto muy finamente de quitina. En su interior hay innumerables células nerviosas para la percepción sensorial. Además, en el interior de los segmentos hay vasos que contienen la hemolinfa, la sangre del insecto, así como pequeñas tráqueas que pertenecen al sistema traqueal, que forma parte del sistema respiratorio del insecto.

Además de las células sensoriales y las fosas sensoriales distribuidas en las antenas, también hay pequeñas cerdas táctiles para percibir los estímulos ambientales y comunicarse entre sí. Las abejas pueden mover activamente las antenas independientemente unas de otras, por lo que las utilizan de forma universal. También son importantes para el intercambio social. Aquí, las abejas nodrizas palpan el cuerpo de la reina y, durante la alimentación social, las obreras mantienen el contacto mediante las antenas. Si este contacto se interrumpe, también termina la alimentación social.

Los zánganos tienen una característica especial en sus antenas. Tienen una extremidad más que las obreras y la reina. Las antenas de los zánganos constan de once miembros cada una. Así, los zánganos están especialmente equipados para percibir la feromona de la reina. Otro rasgo distintivo es que las antenas de los zánganos macho no tienen cerdas táctiles.

La abeja no tiene boca, como la conocen los mamíferos. En su lugar, tiene una probóscide que le sirve para tomar néctar y melaza, así como agua. El melazo no se aspira directamente, sino que se limpia con un paño. Para ello, la abeja utiliza la punta de su probóscide, que recibe el nombre de cuchara. La probóscide es otro rasgo distintivo entre la reina y la abeja obrera; esta última tiene una probóscide más larga para alcanzar el néctar del fondo de la flor. Las abejas pueden saborear excelentemente con su probóscide, que contiene numerosas células sensoriales químicas. La probóscide también participa en la alimentación social (trofalaxis). En ella recoge la gota de alimento que le presenta la abeja obrera entre sus mandíbulas. Además de la probóscide, tiene dos mandíbulas. Con ellas puede recoger los componentes sólidos de su alimento: el polen. Las mandíbulas también se utilizan para formar cera para la construcción de panales y para limpiar las celdas de cría.

La abeja tiene varias glándulas en la cabeza que actúan de forma exocrina o endocrina. Las glándulas exocrinas segregan secreciones al exterior. La glándula salival, las glándulas mandibulares y las glándulas forrajeras son glándulas exocrinas de la abeja. Las glándulas endocrinas liberan sus secreciones hacia el interior, en la vía de la hemolinfa. Aquí la abeja tiene dos glándulas endocrinas, denominadas Corpora *cardiaca* y *Corpora allata*.

La hemolinfa es un fluido que corresponde aproximadamente a la sangre que fluye por las venas de mamíferos y aves. Su función es transportar nutrientes, hormonas y productos de descomposición. Una diferencia importante respecto a la sangre es que la hemolinfa apenas transporta oxígeno, por lo que no necesita ningún pigmento sanguíneo. En cambio, la distribución de oxígeno tiene lugar a través del sistema traqueal.

El tórax de la abeja melífera - pecho
Es el segundo segmento del cuerpo del insecto. En la abe-

ja, es el segmento con mayor masa muscular. Aquí se encuentran los músculos de vuelo, que ocupan el mayor espacio del tórax. Los músculos de vuelo son músculos de trabajo indirecto: no están conectados directamente con las alas. Entre ellos se encuentra el caparazón quitinoso, el exoesqueleto. Los músculos se unen a este exoesqueleto desde el interior y lo deforman para que las alas se muevan en consecuencia en el exterior. Las alas están articuladas al exoesqueleto, lo que produce un efecto de palanca que amplifica aún más los movimientos musculares, ya que los pequeños movimientos en el exoesqueleto del tórax se traducen en grandes movimientos de las alas.

Las abejas tienen dos pares de músculos de vuelo. Los músculos dorsoventrales van de dorsal (el lado dorsal del tórax de la abeja) a ventral (el lado ventral del tórax de la abeja) y, cuando se contraen, hacen que el tórax se contraiga ligeramente. Esto se traduce en un aleteo de las alas.

Además, hay un par de músculos longitudinales que recorren longitudinalmente el tórax, de delante hacia atrás. Cuando estos músculos se contraen, el tórax se estrecha en su diámetro transversal y se curva ligeramente hacia arriba. Esto se traduce en un aleteo de las alas.

Debido a la conexión articulada de las alas al tórax, es posible que la abeja las fije al cuerpo. En el estado adherido, la contracción de los músculos dorsoventrales y de los músculos longitudinales no se traduce en un batir de alas. Sin embargo, como el movimiento muscular siempre produce calor, las abejas pueden producir calor moviendo activamente sus músculos de vuelo en la colmena sin tener que volar realmente. Este tipo de regulación del calor en la colmena es utilizado específicamente por las abejas en los meses de invierno y en primavera, cuando comienza la cría.

Como himenóptero, la abeja tiene dos pares de alas, las anteriores y las posteriores. En vuelo, sin embargo, puede unirlas mediante una especie de cierre de velcro, de modo que ambas alas actúan aerodinámicamente como una sola. La abeja puede romper deliberadamente este enlace, por ejemplo cuando las alas no se utilizan en el cuerpo y también para maniobrar con mayor precisión al entrar en la colmena o acercarse a una flor. Las alas están construidas de forma especialmente ligera. Las llamadas telarañas de quitina garantizan que las alas permanezcan estables, y la delicada y translúcida piel de quitina se extiende entre estas telarañas. En el capullo, las alas están plegadas en pequeño. Inmediatamente después de la eclosión, se despliegan y las telarañas quitinosas se llenan de aire. Poco después, las telarañas se endurecen, lo que da estabilidad a las alas.

El patrón de telarañas y nudos de la superficie alar permite diferenciar las distintas razas de abejas. Las telarañas dividen las alas en celdas individuales, que pueden diferenciarse en celdas radiales, celdas cubitales y celdas discodiales. Las abejas de la miel tienen tres celdillas cubitales, a partir de cuya relación de longitud se puede formar el índice cubital. Este índice difiere según la raza de abejas.

Las patas de la abeja de la miel están dispuestas en tres pares, como los pares de patas de todos los insectos adultos. Como cada par de patas cubre tareas específicas, suelen distinguirse por pequeños rasgos anatómicos. Además de la locomoción, las patas también sirven a las abejas para trepar. Para encontrar un punto de apoyo en superficies lisas, las abejas tienen pequeños lóbulos adhesivos en cada miembro de las garras. Básicamente, las patas están construidas en diferentes segmentos: Coxa (cadera), Trocánter (anillo del muslo), Fémur (muslo), Tibia (férula), Tarso (pie). A su vez, el tarso consta de varias extremidades. El miembro de la garra con el lóbulo adhesivo se denomina pretarso en la abeja.

Las patas delanteras, el primer par de patas, también se utilizan para acicalarse y las abejas constructoras, en particular, lo utilizan con mucha regularidad cuando construyen los panales. La utilizan para pasar pequeñas bolas de cera desde el abdomen hasta las mandíbulas. Para el acicalamiento, hay orificios de acicalamiento en el talón y un pico especial en la tibia (férula). Esta disposición crea una pequeña abertura que se utiliza para extraer cuerpos extraños de las antenas. Con especial frecuencia se trata de pequeños granos de polen que se adhieren a las células sensoriales de la antena.

Las patas traseras, el tercer par de patas, son especialmente adecuadas para distinguir entre obreras, zánganos y abejas reinas, ya que aquí se localizan características anatómicas especiales en función de la tarea. Las abejas obreras tienen en este par de patas sus bolsillos

recolectores de polen, también llamados bragas. El zángano tiene cerdas especiales como almohadillas adhesivas en
las patas traseras, con las que se agarra a la reina en vuelo
para poder realizar el apareamiento sin ser molestado.

El abdomen de la abeja melífera - abdomen

Desde el exterior, el abdomen parece discreto. Tiene ban-
das de color marrón amarillento y lleva, al menos en las
abejas hembra, la espina de la presa. En su interior, proporciona espacio para la mayoría de los órganos internos
de las abejas. Por ello, hay pequeñas aberturas en el abdomen de la abeja, los llamados estigmas. El aparato respiratorio tiene aberturas en el abdomen, al igual que el
ano, los órganos sexuales y glándulas especiales.

El exoesqueleto del abdomen tiene una estructura
segmentaria, las placas quitinosas individuales están
conectadas muscularmente entre sí. Esto hace que el abdomen sea especialmente móvil y elástico. Por tanto, la
abeja puede doblar el abdomen en todas direcciones, entre
otras cosas para utilizar siempre su aguijón de defensa
exactamente donde lo necesita. Las obreras y la reina
tienen seis segmentos abdominales, los zánganos tienen
siete segmentos. Los segmentos individuales constan de
una placa dorsal (el tergito) y la placa abdominal (el esternito). Éstos están conectados por las pieles de los flan-
cos (piel intersegmentaria). Cada segmento está inter-
conectado por membranas intersegmentarias. Estas inser-
ciones intermedias elásticas entre las placas duras de
quitina son necesarias para permitir que el abdomen se

expanda en su circunferencia.

Los músculos del abdomen se utilizan para apretarlo y aflojarlo rítmicamente y para realizar un movimiento de bombeo. Este movimiento de bombeo es importante para la respiración, ya que el sistema traqueal sólo puede transportar aire pasivamente, pero no lo aspira activamente como hacen los pulmones de un mamífero. El llenado y vaciado de la vejiga melífera también se produce mediante contracciones. La vejiga melífera sirve para almacenar el néctar y la melaza. Aquí comienza la maduración de la miel. La abeja obrera recolectora libera una parte en la colmena, utiliza una parte para su propia alimentación y una tercera parte para la alimentación social (trofalaxis). Todas las abejas de la colmena tienen una vejiga de miel de aproximadamente el mismo tamaño. No sólo puede cambiar el nivel de llenado de la vejiga melífera, sino que también puede variar el tamaño del cuerpo adiposo, un órgano aproximadamente comparable al hígado. Por ello, la elasticidad del abdomen es especialmente importante. El cuerpo adiposo almacena hidratos de carbono y puede acumular grasas a partir del azúcar cuando es necesario. También es el proveedor de los componentes básicos que las abejas necesitan para construir la cera de abeja. En la reina, el abdomen duplica su volumen a medida que los ovarios se hinchan para dar cabida a la producción masiva de huevos.

En la parte inferior del abdomen, al lado de las placas del esternito, se encuentran las glándulas cerosas. No son perceptibles cuando están inactivas. Se activan en las abejas constructoras. Aquí se comprende muy bien la ubicación de las glándulas. Las ocho glándulas están situadas por pares en la cara externa del tercer al sexto segmento. Las glándulas terminan en los espejos de cera. Se trata de superficies lisas dispuestas de dos en dos. En estas superficies, las gotitas de cera secretadas se endurecen y se convierten en plaquetas de cera. Éstas se expulsan hacia atrás. Este proceso se denomina "sudoración de cera". Ahora la placa de cera terminada se pasa hacia delante, al primer par de patas, y es amasada por las mandíbulas hasta que tenga la consistencia deseada para ser utilizada en nuevos panales, pared celular o cubierta celular.

El aguijón defensivo de la abeja es probablemente la única parte del cuerpo con la que todo el mundo -amante o no de las abejas- está definitivamente familiarizado. El aparato urticante está situado en el extremo posterior del abdomen y consta de una vejiga de veneno, los músculos urticantes, dos glándulas y el propio aguijón. Debido a las pequeñas púas del aguijón, éste se clava en la piel de los humanos o animales tras la picadura. Todo el aparato venenoso se arranca, la vejiga venenosa permanece en el aguijón y puede vaciarse completamente en el atacante. Un aparato venenoso arrancado significa una muerte segura para la abeja. Esto sólo suele ocurrir cuando han picado a mamíferos, ya que tienen una piel gruesa en la que se clavan las púas. Si la abeja alcanza a otro insecto con su aguijón, las púas no se clavan y la abeja sigue viviendo después.

La producción de veneno comienza ya el tercer día de vida y alcanza su máximo alrededor del 15º día de vida. En ese momento, la ampolla de veneno contiene 0,1 mg de veneno. Ahora la abeja obrera se convierte en guardiana. Una vez vaciada la ampolla de veneno, no vuelve a llenarse. Dado que el aguijón evolucionó evolutivamente a partir de la trompa de puesta, sólo las hembras tienen aguijón.

Por último, conviene explicar brevemente la glándula de Nassanoff. Es una glándula de feromonas que utilizan las abejas rastreadoras especiales. Las abejas rastreadoras indican a otras abejas el camino hacia nuevas fuentes de miel o hacia una nueva colmena. La feromona se libera y se difunde mediante la picadura. Para ello, la abeja rastreadora se coloca delante del orificio de vuelo, levanta el abdomen y tira hacia atrás las dos últimas escamas dorsales (tergito). Esto deja al descubierto el conducto excretor de la glándula de Nassanoff. Ahora la abeja rastreadora bate violentamente las alas y el olor específico de su propia colonia se mezcla con la feromona de la glándula de Nassanoff. El resultado es un cóctel de olores específico de la colonia que las abejas pueden seguir.

FISIOLOGÍA DE LA ABEJA MELÍFE-RA

La fisiología es el estudio de los procesos en los órganos del cuerpo hasta los procesos en las células individuales. Por tanto, abarca todo lo que ocurre en el interior del cuerpo. Los distintos circuitos reguladores y sistemas orgánicos colaboran estrechamente para mantener la homeostasis. La homeostasis es el equilibrio que prevalece en el cuerpo. Si este equilibrio se desajusta, el organismo enferma y puede incluso morir si los propios mecanismos reguladores del cuerpo no consiguen corregir el desequilibrio. Para esta homeostasis interna son importantes, entre otras cosas, el sistema nervioso, el sistema hormonal, el tubo digestivo con los órganos internos conectados y las feromonas que actúan sobre la abeja desde el exterior, segregadas, por ejemplo, por la reina u otras abejas de la colmena.

Ingesta de alimentos y digestión
Al igual que los humanos, las abejas necesitan nutrientes esenciales que su organismo no puede producir por sí mismo. Por tanto, deben obtener estos minerales y vitaminas de su alimentación. Sólo la comida vegetariana es adecuada para nuestras abejas melíferas. Recogen néctar, melaza y polen. También idéntica a la fisiología nutricional de los humanos, las abejas necesitan hidratos de carbono, grasas y proteínas para su metabolismo energético y para construir su propio cuerpo. El polen es el proveedor de proteínas por excelencia, mientras que el néctar y la melaza contienen principalmente azúcar, es decir, hidratos de carbono. Dependiendo de la especie vegetal, el polen contiene aproximadamente un 20 % de proteínas, que consisten en aminoácidos individuales, y las grandes macromoléculas proteicas son descompuestas por el sistema digestivo de las abejas en sólo estas monomoléculas

individuales de aminoácidos. A continuación, la abeja utiliza los aminoácidos liberados en otro lugar.

La abeja sólo necesita grasas en cantidades insignificantes, que también están cubiertas por el polen. El néctar y el melazo no contienen grasas, pero esto no es un problema para la abeja porque ella misma puede sintetizar grasas en su cuerpo graso. Para ello, utiliza hidratos de carbono, que pueden convertirse en ácidos grasos en el cuerpo adiposo a través de varios pasos intermedios. Éstos se almacenan en el cuerpo como grasa de depósito y pueden convertirse en energía en caso de necesidad.

Además de los hidratos de carbono, las grasas y las proteínas, los minerales y las vitaminas también son sustancias vitales para la abeja. Se absorben a través del néctar y la melaza, que contienen sales y oligoelementos. El polen contiene vitaminas, ácidos grasos esenciales y otros minerales y oligoelementos. Además, el polen contiene algunas sustancias vegetales secundarias que la planta necesita para sí misma. Estas sustancias vegetales secundarias se utilizan a menudo en la medicina naturista para conseguir diversos efectos, como la antiinflamación, la desintoxicación y la protección contra los radicales libres. El proceso de digestión del néctar y la melaza recolectados comienza ya en la probóscide y el buche de la abeja, donde se almacena para el vuelo de regreso. Aquí, las enzimas digestivas de la saliva de la abeja se unen a la mezcla de néctar y melazo y empiezan a descomponer los hidratos de carbono. En el néctar y el melazo, los hidratos de carbono están presentes principalmente como disacáridos. Un disacárido está formado por dos azúcares simples acoplados bioquímicamente entre sí. La función de las enzimas digestivas es disolver este enlace bioquímico. Así se crean los azúcares simples, llamados monosacáridos, glucosa y fructosa. La digestión de las proteínas sólo comienza en el intestino medio de la abeja. Aquí el polen se mezcla con enzimas diseñadas para descomponer las proteínas.

¿Vegetarianos puros?

Las abejas se alimentan casi exclusivamente de productos vegetales, o de las excreciones de los pulgones, la melaza. Sin embargo, ocurre una y otra vez que las larvas de las celdas de cría enferman y mueren. Estas larvas muertas no suelen arrojarse sin más fuera de la colmena -a no ser que muera un gran número de larvas a la vez-, sino que constituyen una valiosa fuente de proteínas y las obreras se las comen.

La burbuja de miel

Ya habrás oído hablar del cultivo que las abejas utilizan como lugar de almacenamiento temporal del néctar y la melaza. Este buche tiene el nombre técnicamente correcto de "vejiga melífera". Como prolongación del esófago, la vejiga melífera se asienta en su extremo en la parte anterior del abdomen. Aquí es donde se almacenan el néctar y la melaza, que se mezclan con las enzimas digestivas de las glándulas de savia de forrajeo (las glándulas hipofaríngeas) para que pueda comenzar aquí la predigestión del azúcar y el proceso de maduración en miel.

Las glándulas hipofaríngeas están situadas por pares en la cabeza de las obreras, apenas están desarrolladas en la reina y los zánganos. Su actividad alcanza su máximo durante el tiempo en que son abejas nodrizas. Sólo durante este tiempo las abejas producen una secreción de muy alta calidad para alimentar a la cría y a la reina (la jalea real).

La vejiga de miel contiene entre 0,05 y 0,06 mililitros, lo que corresponde aproximadamente al 50 % del propio peso de la abeja melífera. Por tanto, son verdaderos portadores de carga. De vuelta a la colmena, la abeja decide qué hacer con el contenido de su vejiga de miel. Puede digerirla (parcialmente) ella misma y utilizarla como fuente de alimento. Para ello, abre una válvula en la parte posterior de la vejiga melífera, el llamado proventrículo, que conecta la vejiga melífera con el intestino medio. Sin embargo, la mayoría de las veces bombea el contenido directamente a una celda de miel para acumular alimento. La tercera posibilidad es utilizar el jugo para la alimentación social (trofalaxis).

El sistema endocrino

El principal componente del sistema hormonal son las glándulas endocrinas de la abeja, que segregan hormonas dentro del cuerpo y aseguran así su distribución por todo el organismo de la abeja. Esto se hace liberando las hormonas en la hemolinfa. Las hormonas se consideran sustancias mensajeras y median en diversos procesos dentro del propio organismo de la abeja.

Las glándulas hormonales más importantes de la abeja son los cuerpos cardíacos y los cuerpos alados. La corpora cardiaca emparejada está situada directamente detrás del cerebro y puede almacenar allí hormonas sintetizadas y producir sus propias hormonas. Las hormonas de esta glándula tienen la misión de estimular otras glándulas endocrinas y regular la muda. La reina tiene los cuerpos cardiacos más desarrollados que el zángano y la obrera.

Los cuerpos alados son una serie de glándulas más pequeñas situadas a los lados del esófago, cuya tarea es producir hormonas para el desarrollo general y larvario hasta la metamorfosis. En la reina, se encargan de la producción de hormonas sexuales, aseguran la producción de yema y la maduración de los huevos en los ovarios.

Glándulas exocrinas: glándulas venenosas, glándulas odoríferas y glándulas cereras

Además de las glándulas de cera y veneno ya descritas y de la glándula de feromonas (glándula de Nassanoff), existen también dos glándulas exocrinas, es decir, glándulas que liberan su sustancia mensajera al exterior, que son de gran importancia, sobre todo en la reina.

Son la glándula tergita, que produce feromonas específicas de la reina, y las glándulas mandibulares, que mezclan la sustancia reina. Se trata de una mezcla de unas 30 sustancias diferentes. Las abejas nodrizas ingieren la secreción cuando acicalan a la reina, lo que hace que sus propios ovarios se encojan. Esto garantiza que la reina siga siendo la jefa indiscutible de la colonia de abejas.

Hormonas y feromonas: un sistema estrictamente coordinado

La colmena está formada por una gran colonia de abejas, obreras de todas las edades y tareas, zánganos y una reina. El conjunto se denomina abeja. Esta abeja debe funcionar de forma excelente para garantizar su propia supervivencia. Para que cada abeja individual sepa exactamente lo que tiene que hacer, las hormonas y las feromonas son indispensablemente importantes y proporcionan una excelente forma de comunicación, única en esta complejidad en el reino animal.

Además de las hormonas que actúan internamente y de las feromonas que actúan externamente, también existen las llamadas kairomonas. Se trata también de sustancias mensajeras que emanan de las abejas pero que son percibidas por otras especies. Un ejemplo llamativo es el ácaro varroa, una plaga de la apicultura. Los ácaros varroa pueden percibir las kairomonas y leer en ellas qué celdas de cría se cubrirán pronto y en qué celda de cría hay cría de zángano.

Excrementos y orina de las abejas

Las abejas no tienen riñones que filtren la sangre y pesquen los productos metabólicos de desecho, como en los mamíferos. En su lugar, las abejas tienen los vasos malpigianos. Son tubos que se abren en el recto, en los que se vierten los productos finales del metabolismo mediante procesos de transporte activo. El primero y más importante es la urea. La urea se forma durante la desintoxicación del amoníaco, que se produce en todo organismo durante el metabolismo de las proteínas. Junto con los residuos de polen no digeribles, la urea no disuelta se excreta con la vejiga fecal.

El cuerpo graso

Como ya pudiste leer anteriormente en el capítulo de anatomía, el cuerpo adiposo es comparable en su función al hígado de los organismos mamíferos. Es un órgano metabólico central de todos los insectos y sirve como almacén de nutrientes. Así, el cuerpo graso puede separar sustancias y utilizar los componentes para sintetizar otras sustancias.

El órgano está situado en el abdomen, consta de varios lóbulos y está rodeado de hemolinfa. Los lóbulos aumentan la superficie metabólicamente activa del órgano y, por tanto, su eficacia. Un cuerpo graso grande significa que hay un suministro abundante de alimento. Un cuerpo graso pequeño y estrecho significa que la abeja se alimenta de sus propias reservas corporales. El almacenamiento de nutrientes se produce principalmente en otoño. Éstos se agotan en primavera, cuando comienza la época de cría.

El cuerpo adiposo almacena glucógeno, un azúcar múltiple, es decir, un hidrato de carbono, así como grasas y proteínas. La larva también se alimenta de estos almacenes durante la metamorfosis, ya que allí no es posible la ingesta externa de alimentos.

Otra tarea importante del cuerpo adiposo es la producción de grasas para su propio abastecimiento. La grasa sólo se encuentra en trazas en la dieta de la abeja, por lo que los precursores parecidos a la grasa necesarios para construir la cera de abeja tienen que ser producidos por la propia abeja. Para ello, el cuerpo adiposo produce ácidos grasos a partir de hidratos de carbono y luego los combina con alcoholes para formar ésteres. Por tanto, las abejas constructoras en particular tienen un cuerpo adiposo muy activo, ya que están ocupadas construyendo las veinticuatro horas del día en el periodo de abril a julio. Durante este periodo, el suministro de alimentos suele ser abundante, por lo que el azúcar que necesitan es fácil de obtener en forma de néctar y mielada.

El sistema traqueal para respirar

Las abejas no tienen pulmones, y otros insectos también carecen por completo de este sistema de intercambio de aire de los mamíferos. Además, el oxígeno no se transporta en la sangre unido a la hemoglobina, sino que es completamente independiente del "sistema sanguíneo" de las abejas: la hemolinfa.

En cambio, los insectos tienen lo que se denomina sistema traqueal para su respiración. Se trata de tubos reforzados con quitina que se ramifican por todo el cuerpo y terminan ciegamente en los tejidos. Las cuatro aberturas respiratorias, los estigmas, están situadas a derecha e izquierda en los tergitos (placas dorsales) del tórax y el abdomen. Los estigmas desembocan a través de una pequeña jaula en una tráquea corta, que luego termina en un saco de aire en el abdomen. Esto significa que en el abdomen hay un saco aéreo a la derecha y otro a la izquierda desde los que el sistema traqueal se ramifica hacia los tejidos.

Órganos sensoriales de la abeja melífera

Los sentidos de las abejas melíferas funcionan de un modo completamente distinto al que conoces por ti mismo. Las abejas perciben muchas de las impresiones de forma más selectiva, pero con mayor claridad, de modo que surge una imagen especial.

Las abejas tienen un olfato excelente, son verdaderas especialistas en olores y pueden percibir incluso las cantidades más pequeñas de feromonas de su propia colonia y los olores de las flores y almacenarlos en su memoria olfativa. Las abejas utilizan estos olores para orientarse y comunicarse entre sí. Las células sensoriales necesarias (las células receptoras) y las fosas sensoriales están situadas en grupos alrededor de la boca, en las antenas y en las patas. Cada célula receptora está especializada en la percepción de una sustancia concreta.

Las antenas móviles, que pueden orientarse en todas direcciones, son perfectas para percibir olores fugaces y localizar su origen. Para ello, están salpicadas de placas olfativas, placas porosas y placas membranosas. Los zánganos tienen un número especialmente elevado de estas placas olfativas químicas para poder percibir claramente la feromona de la reina.

En el pretarso, sobre todo de las patas delanteras, también hay multitud de cerdas sensoriales y fosetas sensoriales para poder percibir el sabor y el olor de la flor volada en contacto directo con ella. Así, las abejas pueden saborear el contenido de azúcar de una solución a través de las células sensoriales de sus patas. Además, hay células sensoriales en la zona de la boca, es decir, en las mandíbulas y los palpos labiales (palpos bucales).

La memoria olfativa de las abejas es capaz de almacenar olores. Aquí no se almacena el olor completo de la flor, sino que, mediante la percepción selectiva de sólo componentes individuales de este olor, se forma una imagen abstracta de la flor. De este modo, también se incluye en la memoria información sobre el contenido de azúcar. Esto es útil para la siguiente recolección de néctar, ya que incluso las flores de la misma especie vegetal pueden diferir mucho en la calidad de su néctar y en su contenido de azúcar. De este modo, las abejas se aseguran de volar a las flores en las que la composición del néctar es óptima para ellas. Los ojos compuestos están especialmente diseñados para ver el movimiento y producir imágenes nítidas dentro de su propio movimiento. Por tanto, tienen una buena resolución temporal. También son capaces de hacer visible para la abeja la luz ultravioleta, e incluso en días nublados la abeja puede determinar la posición del sol. Los ojos puntiformes, los tres pequeños ojos de la frente, son importantes para las abejas por su posición, presumiblemente para estabilizar el vuelo, y también sirven para orientarse con la brújula luminosa y para que funcione el ritmo día-noche.

Debido a su capacidad para detectar la luz ultravioleta, las flores tienen un aspecto completamente distinto para la abeja que para el ser humano. Así, una flor que a ti te parece de un blanco puro puede contener un dibujo distinto para la abeja. Este tipo de visión permite a las abejas reconocer marcas especiales de polen y savia en las plantas y determinar el lugar ideal de aproximación para recoger rápidamente el néctar y el polen.

Las abejas no pueden oír, no tienen células sensoriales para ello. En cambio, reconocen las vibraciones del aire y se orientan por ellas. El lenguaje de la danza de las abejas también entra en la categoría de las vibraciones. La danza de la cola se realiza en la propia colmena, donde reina una oscuridad total. Así que las abejas no pueden seguir la danza con la vista de la forma clásica, sino que utilizan su sentido de la vibración. En su lugar, se generan vibraciones en el rango de 15 Hz (abdomen) y 250 Hz (tórax), que se transmiten a las demás abejas a través de las vibraciones de los panales. Éstas leen las vibraciones con el órgano subgenual y los órganos cordotonales. Son órganos sensoriales capaces de captar las vibraciones. El órgano subgenual está situado en la tibia, los órganos cordotonales están situados en las articulaciones de las patas, una vez entre el fémur y la tibia y otra entre la tibia y el tarso.

Los órganos cordotonales se encargan de determinar la posición de las secciones de las extremidades entre sí y de percibir los cambios. Así, el movimiento del suelo puede leerse a partir de la posición de las articulaciones. Otras células sensoriales para la percepción de las vibraciones están situadas en las antenas. Las abejas utilizan las antenas para sentir, medir y percibir a las demás. Las reinas, por ejemplo, las utilizan para medir las celdas de cría y decidir si colocan dentro un huevo fecundado o un huevo sin fecundar. Las obreras utilizan sus antenas durante la alimentación social (trofalaxis), entre otras cosas.

Por último, pero no menos importante, la abeja tiene cerdas sensoriales dispuestas como un cojín en las articulaciones y dispuestas individualmente en la antena, que sirven para percibir la gravedad. Éstas proporcionan información sobre cómo se relacionan entre sí las distintas partes del cuerpo.

COMUNICACIÓN Y COMPORTAMIENTO

Para poder entender a tus abejas de la cabeza a los pies, es importante que estés familiarizado con el comportamiento de las abejas y la comunicación entre ellas. Sólo si comprendes y conoces bien los procesos de la colonia y la colmena, podrás reconocer directamente las desviaciones que indican enfermedades u otros problemas e intervenir a tiempo para ayudar.

Hay asociaciones apícolas que han instalado una colmena de exposición. Son colmenas que tienen cristales para que puedas mirar dentro de la colmena y observar muy bien a las abejas. Si no tienes esta posibilidad, puedes cambiar un poco la situación en tu propia colmena. Cuelga un solo panal en la colmena de panal para su observación y luego observa cómo trabajan tus abejas. Sólo debes hacer esto en condiciones meteorológicas ideales.

La abeja

A menudo se hace referencia a la comunidad de la colonia de abejas como la abeja. Se trata de un término muy acertado, ya que suele parecer como si todas las abejas actuaran como una unidad, como un gran organismo vivo. Así, la abeja incluye a todas las obreras, los zánganos y la reina, así como la cría. Pero también todos los almacenes y todo el panal se cuentan como parte de la abeja, ya que son indispensables para la supervivencia de la colonia.

Feromonas

Como ya has aprendido, las feromonas son aromas producidos por las abejas y liberados al exterior. Sirven para comunicarse entre sí, pero funcionan con un pequeño retraso, ya que tienen que distribuirse por toda la colmena y toda la colonia después de ser liberadas. Sólo cuando todas las abejas han absorbido las feromonas, el comportamiento deseado se hace visible como actividad en la colonia. El intercambio de información a corto plazo no es posible a través de las feromonas. La mezcla de feromonas "sustancia reina" es elaborada por la reina a partir de unas 30 sustancias individuales y liberada a través de las glándulas mandibulares. En una colonia demasiado grande, la concentración se diluye hasta tal punto que las abejas obreras empiezan a crear celdas reales. Las celdas RJ son celdas de cría especiales que sirven para criar una reina. Esto significa que se preparan para la enjambrazón o el reposicionamiento silencioso. Además de las feromonas normales utilizadas para la comunicación diaria y el propio olor de la colonia, hay ciertas feromonas de alarma que las abejas emiten cuando se produce un ataque. Esto notifica a toda la colonia y la pone en alerta. Las feromonas de alarma se liberan básicamente cuando pica una abeja. Esto también significa que el atacante queda marcado con la feromona de alarma y las abejas reaccionan más agresivamente ante él. Una vez que te hayan picado, no debes acercarte a las abejas ese día y cámbiate de ropa y lávate bien la piel para deshacerte del olor de alarma.

Otro tipo de comunicación olfativa son las marcas de olor. Las marcas de olor las dejan las abejas a través de la glándula tarsal, la glándula de Arnhardt, por donde las abejas pasan con las patas. Esto ocurre sobre todo al entrar y salir de la colmena. Las abejas rastreadoras siguen utilizando la secreción de las glándulas estéricas para marcar las flores. El olor de la feromona y el propio olor de la flor dan lugar a una mezcla característica que las demás abejas pueden seguir para encontrar la fuente de uva anunciada.

Trofalaxis - la alimentación social

La trofalaxis consiste en el intercambio de alimento de la vejiga melífera de un animal a otro adulto. Por tanto, las abejas se alimentan mutuamente, no tiene nada que ver con la cría de las larvas. El intercambio de alimentos no es el objetivo principal, sino que la trofalaxis sirve sobre todo para el intercambio de información y la transferencia de sustancia reina.

Por ejemplo, a una abeja que acaba de realizar la danza de la cola para indicar dónde ha encontrado una buena fuente de alimento (tracht), varias abejas pueden pedirle literalmente algo de comida. De este modo, las abejas prueban la cosecha anunciada y pueden localizar mejor la fuente de la cosecha basándose en el sabor.

La trofalaxis también se produce con más frecuencia durante el invierno, en la colmena de invierno, para que las abejas puedan abastecerse mutuamente de su reserva de miel, que se almacena en gran parte en las vejigas melíferas de todas las abejas. Especialmente después de la enjambrazón, hasta que la construcción del panal haya progresado tanto que la miel pueda almacenarse de nuevo aquí, las vejigas melíferas son el único lugar de almacenamiento de alimentos. La trofalaxis sigue un patrón fijo y siempre la inicia una abeja mendicante que entra en contacto con otra abeja con sus antenas. Si esta abeja quiere compartir su comida, pliega hacia atrás la probóscide y extrae una gota de su vejiga de miel, que libera entre las mandíbulas. La abeja suplicante recoge esta gota con su probóscide. En cuanto se rompe el contacto de las antenas, se acaba el intercambio de comida.

Panal

Un enjambre de abejas sólo se convierte en una verdadera colonia de abejas al construir panales en una nueva vivienda, ya que así crean un nido de cría y el requisito previo para el almacenamiento de la miel. La construcción de nuevos panales es compleja y exige a las abejas un rendimiento realmente alto. Un panal contiene unos 70 g de cera. Para producir 1 kg de cera, las abejas tienen que gastar la misma cantidad de energía y material que utilizan para 4 a 10 kilos de miel.

Las nuevas construcciones sólo son posibles si disponen de este material, lo que requiere un suministro abundante de uvas. Por tanto, la nueva construcción sólo tiene lugar en primavera y a principios de verano. También debe haber una reina en la colonia, porque sólo entonces se estimula a las abejas a construir.

Durante el tiempo de nueva construcción, todas las obreras ayudan juntas y producen la cera en su cuerpo graso. Cuando la colmena está parada y no se está ampliando, sólo hay un pequeño número de abejas constructoras que se ocupan de las pequeñas reparaciones en la estructura del panal y de cubrir las celdas de miel y las celdas de cría. Sin embargo, suelen utilizar la cera existente para este fin en lugar de producir cera nueva.

Sterzeln

Las abejas Sterzelnde ayudan a las abejas de la colmena a encontrar el camino de vuelta a la colmena con un olor característico, específico de la colmena. Por eso este comportamiento se da con más frecuencia cuando las abejas jóvenes emprenden sus primeros vuelos de orientación o después de que la colonia se haya trasladado a una nueva colmena.

Durante la estercolación, las abejas se colocan en el agujero de vuelo, baten las alas y, al mismo tiempo, levantan el abdomen para exponer la glándula de Nassanoff. El rápido batir de las alas hace que el olor a feromonas de la abeja se mezcle con el olor del interior de la colmena, creando un olor característico y distintivo de la colonia individual. Éste se difunde en el entorno y muestra a las abejas que regresan el camino seguro de vuelta a su propia colmena.

La danza de la cola: el lenguaje dancístico de las abejas

Las abejas rastreadoras tienen una tarea especial dentro de la colonia de abejas. Son las exploradoras que salen a buscar nuevas fuentes de miel. Una vez que han encontrado una buena colmena, regresan a la colmena y ejecutan su danza de la cola para activar a las demás abejas y animarlas a seguirlas hasta la nueva fuente de miel. Utilizan la danza para transmitir toda la información que las abejas necesitan para encontrar el racimo, distancia y dirección, rendimiento y tipo de racimo.

Las abejas bailan sobre los panales para hacerlos vibrar. Para ello, hay zonas especiales de los panales que no están conectadas a la pared en el borde exterior. Éstas vibran especialmente bien y facilitan el intercambio de mensajes.

Dependiendo de lo bien que la abeja rastreadora consiga activar a las demás abejas e inspirarles entusiasmo por su nueva fuente de miel, más abejas volarán hacia ella. Es comparable a una competición, en la que la abeja con la mejor fuente de tracto gana y dirige allí a la mayor cantidad de obreras. Esto garantiza que las buenas fuentes de miel vuelen hacia ellas preferentemente.

Las abejas ayudantes se aseguran de que todas las abejas inactivas de la colmena también sean conscientes de la danza de la cola. Estas abejas ayudantes corren por la colmena y activan a las demás agarrándolas con sus patas delanteras y centrales y produciendo fuertes vibraciones con el abdomen para "despertar" a la abeja inactiva, por así decirlo, y hacerla consciente de que se está produciendo la danza de la cola.

Para indicar la dirección en la que se encuentra la fuente de la colmena, las abejas utilizan la gravedad y la posición del sol como puntos de referencia fijos. Si la fuente de la colmena está exactamente en la dirección del sol, bailan la danza en la vertical de arriba abajo. Según el ángulo de desviación de la tracht respecto al sol, el ángulo de la danza se ajusta en consecuencia. Y por si esto no fuera suficientemente ingenioso, las abejas también tienen en cuenta la migración natural del sol a través del cielo y calculan el ángulo adecuado a lo largo del tiempo, de modo que pueden ajustar aquí exactamente su danza de la cola. La distancia a la fuente de polen está representada por la duración de la vibración. En pocas palabras, cuanto más larga sea la vibración, más lejos estará la fuente de reproducción. La naturaleza de la fuente de alimento se transmite a través de la trofalaxis. De este modo, las abejas reciben información sobre el sabor y el olor de la uva con una muestra. Cuantas más abejas salgan volando, más abejas bailarán para animar a otras abejas a ir a la fuente. De este modo, es posible pasar por una cascada de activación en un plazo de 15 a 30 minutos y enviar a casi todas las buscadoras activas a la nueva y rica fuente de uva.

La nidada

En verano, la vida de una abeja obrera es de 5 a 6 semanas. Por tanto, si una colonia no se ocupa de la cría permanente, moriría en pocas semanas. La reina, las abejas limpiadoras y las abejas nodrizas se ocupan principalmente del cuidado de las crías.

Las abejas limpiadoras limpian los panales de los restos de la cría anterior y se aseguran de que las celdas de cría estén preparadas para que la reina pueda poner un huevo en su interior. Si la larva eclosiona de este huevo, las abejas nodrizas se encargan de suministrar a esta larva savia alimenticia, más tarde miel y polen, hasta que la larva se convierte finalmente en abeja adulta por metamorfosis.

Las abejas nodrizas no sólo cuidan de las larvas, sino que también son responsables de proporcionar a la reina alimento rico en proteínas para que pueda seguir manteniendo el alto rendimiento de la puesta de huevos. Para ello, las abejas nodrizas le proporcionan jalea real, que mezclan en sus glándulas de alimentación.

Expansión y división de la nación

Cuanta más comida haya, más aportará la colonia y más podrá crecer. El requisito previo para ello es que haya suficiente espacio en la colmena para que puedan construirse nuevos panales, porque deben crearse más celdas de cría. Aquí es donde entran primero las abejas constructoras y crean celdas de cría. Varían el tamaño de las celdas porque necesitan suficientes zánganos para dividir la colonia. Las celdas para zánganos tienen un diámetro ligeramente mayor que las celdas para obreras. La reina lo mide con sus antenas y pone un huevo no fecundado en las celdas para zánganos y un huevo fecundado en cada una de las celdas para las crías de las abejas obreras.

Si la enjambrazón es inminente o es necesario cambiar la polinización, las abejas constructoras crean celdas extra grandes, las llamadas celdas reales. Éstas cuelgan siempre verticalmente del panal de cría y son ocupadas por la reina con un huevo fecundado. En cuanto una larva sale del huevo en la celda reina, las abejas nodrizas la alimentan exclusivamente con jalea real, lo que garantiza el desarrollo de una reina, una abeja hembra con ovarios.

El flechazo: mudarse a una nueva casa

A continuación viene la enjambrazón. Como ya se ha mencionado al principio, la abeja occidental de la miel, originaria de Alemania, es la única especie de abeja que hiberna en la colonia. Ahora bien, para garantizar la supervivencia de la especie, es necesario no sólo que las colonias de abejas se mantengan, sino también que se reproduzcan y, por tanto, crezcan. En cuanto está a punto de nacer la nueva reina en la celda de la abeja reina, la reina vieja abandona la colmena con parte del enjambre. Normalmente no vuelan lejos, sino que se instalan en un grupo de enjambres cercanos. Es una imagen muy impresionante, ya que las abejas parecen estar literalmente pegadas. Ahora, las abejas rastreadoras vuelan y van en busca de un nuevo hogar. Éste es el momento en que tú, como apicultor, debes capturar el enjambre, pues de lo contrario lo perderás.

Las abejas silvestres enjambran regularmente también por motivos higiénicos. Si no hay un apicultor que reponga los panales de la colmena, los panales envejecen con cada cría que se produce. Los restos de capullos que contienen proteínas y los restos de cría reducen el tamaño de los panales con cada pasada y proporcionan un alimento excelente y un atrayente para las polillas de la cera, los ácaros, los pulgones y otros parásitos. Para evitar una presión de parásitos letalmente alta para la colonia, se produce la enjambrazón y el abandono del nido viejo.

La Umweiselung - Nacimiento de una nueva reina

Una abeja reina tiene una esperanza de vida de 4 a 5 años. Esto es impresionantemente largo. Pero a partir de unos tres años, la producción de huevos disminuye y la reina empieza a envejecer, porque poco a poco se agota el suministro de esperma que adquirió en su vuelo nupcial.

Para entonces, la reina ha producido entre 1,2 y 1,5 millones de huevos.

Al mismo tiempo, la producción de la mezcla de feromonas sustancia reina también se estanca y en la colonia circula la información de que se necesita una nueva reina y las abejas se colocan en la celda reina. Hay dos tipos de reasignación natural que te distinguen como apicultor. La reasignación con enjambres, cuando la colonia se divide y se crean dos colonias, y la reasignación silenciosa, que ocurre sin que el apicultor se dé cuenta. Aquí la reina envejece y es sustituida por una reina joven, sana y eficiente. Esto no provoca la enjambrazón de parte de la colonia, pues las abejas ya no siguen a la reina vieja sin su fuerte señal de feromonas.

La recolocación sólo puede tener lugar si hay zánganos disponibles para aparearse con la nueva reina. Las abejas macho se desarrollan en el periodo de mayo a julio con la única tarea de aparearse con la joven reina durante el vuelo nupcial y transferirle su reserva de semillas. El zángano depende de las obreras, ya que no vuela fuera y, por tanto, no se alimenta por sí mismo, sino que sobrevive únicamente mediante la alimentación social o utilizando el suministro de miel de la colonia.

Recreación - La pérdida de la Reina

Una colonia sin reina morirá al cabo de poco tiempo porque faltan las crías. En la naturaleza, diversos acontecimientos provocan a veces la pérdida de la abeja reina; esto también puede ocurrir a manos del apicultor, por ejemplo, si un apicultor desatento pierde a la reina durante la reubicación.

Para salvar a la colonia de una desaparición segura, las abejas nodrizas se vuelven ahora activas. Una larva hembra no se fija durante los tres primeros días de su desarrollo. Si recibe jalea real, el jugo alimenticio real, durante todo el periodo de su desarrollo, se convierte en la reina. Si las abejas nodrizas cambian la alimentación al tercer día por la papilla alimenticia de polen y miel, se desarrolla una abeja obrera. Si la colonia se da cuenta ahora de la pérdida de la antigua reina, convierte los panales de cría con larvas de menos de tres días en las llamadas celdas de recreación. Normalmente se crean de cinco a seis de éstas. Las celdas de recreación son fácilmente reconocibles por sus dimensiones considerablemente mayores. Un requisito previo para la recreación es que la colmena contenga cría destapada. La cría tapada ya es demasiado vieja y está demasiado diferenciada y ya no puede convertirse en reina. Además, debe haber zánganos para que la joven reina pueda salir en vuelo nupcial y volver fecundada y lista para poner huevos.

EL TRACHT - LA BASE ALIMENTARIA DE LA ABEJA

Por "Tracht" se entiende la totalidad del suministro de alimentos de que dispone la colonia y, al mismo tiempo, el Tracht actual se subdivide según lo que se esté aportando en ese momento: Se incluyen aquí el néctar, el polen, la melaza, la savia de los árboles y también el agua. Según la época del año, la vendimia es diferente. Por ejemplo, al principio de la temporada de cría se necesitan más proteínas, por lo que aquí se recoge preferentemente el polen. Puedes saber qué tipo de tracht traen tus abejas observándolas atentamente cuando entran en la colmena: Polen y resina de árbol en los bolsillos de las patas traseras; si el vuelo es lento, la vejiga melífera está llena de néctar o melaza.

Traje de construcción / traje de desarrollo

Las abejas traen esta carga hasta mediados o finales de abril. En este momento las abejas salen del invierno. Suelen invernar con un solo marco, es decir, con una sola capa de panales. Al principio de la acumulación, el polen es necesario como fuente de proteínas para alimentar a la reina y la cría. Hacia finales de marzo, las reservas invernales de miel y alimento de invierno se agotan y las abejas tienen que empezar a recolectar néctar. A más tardar en este momento, se añade un segundo cuadro para dar a las abejas más espacio para desarrollarse.

La cosecha de la acumulación se completa con el comienzo de la floración de los frutos, pero puede llevar más tiempo después de un largo invierno. Las plantas a las que se acercan las abejas en esta época son para recoger polen: Abedul, aliso, avellano, azafrán y otras plantas de floración temprana. Las fuentes de néctar son el endrino, el arce de Noruega, el sicomoro, el arce de campo y el castaño de Indias. Pero otras flores primaverales y árboles que florecen a principios de año también proporcionan alimento a las abejas.

Presta atención a qué plantas florecen en tu zona y en qué época del año, para que puedas estimar muy bien qué sirve de alimento a tus abejas en ese momento.

Cosecha temprana

En el periodo comprendido entre mediados de abril y finales de mayo, la cosecha de acumulación se convierte en cosecha temprana. Ahora el desarrollo de la colonia ha progresado tanto y el suministro de miel es tan abundante que se están acumulando las primeras reservas de miel.

Así que ha llegado el momento de instalar una cámara de miel en tu colmena.

Lo que tus abejas recogen como forraje temprano vuelve a variar de una región a otra. La cereza cornalina, el endrino, las flores de los jardines y prados, el diente de león, el trébol y la colza son las fuentes dominantes de polen. Pero dependiendo de la región, los árboles frutales y los arbustos de bayas, como las grosellas y las fresas, también forman parte de la cosecha temprana.

En primavera, las cosas suelen suceder explosivamente rápido y parece como si la naturaleza desplegara sus flores por todas partes "de un día para otro". Una colonia de abejas bien desarrollada y sana encuentra ahora abundante alimento por todas partes, y aparecen las primeras cosechas en masa. Las cosechas masivas suponen un suministro tan abundante de alimento que las abejas acumulan grandes reservas de miel, que el apicultor puede cosechar como miel. La miel de cosecha temprana tiene un sabor entre aromático y suave, y varía en consistencia, color y aroma según la cosecha.

En épocas en que predomina un tipo de uva en tu región, pueden producirse mieles varietales. Por ejemplo, si tus abejas viven en una región donde se cultiva mucha colza, lo más probable es que utilicen la colza casi exclusivamente como fuente de polen y puedas obtener una miel pura de colza.

Traje de principios de verano
La siguiente etapa del traje es el traje de principios de

verano, que dura desde mayo hasta mediados de junio aproximadamente. Aquí, la gama de disfraces cambia y se hace mucho más variada. Ahora hay una amplia gama de hierbas de prado, plantas ornamentales cultivadas en jardines o parques, y plantas útiles. No sólo en el campo, sino sobre todo en la ciudad, hay una amplia gama de fuentes de alimento para las abejas. Cabe mencionar, por ejemplo, las variedades de arce, la acacia negra, el espino blanco, los tréboles y las bayas.

A principios de verano, las abejas también pueden aprovechar el primer melazo. Especialmente en el castaño de indias y el arce, pueden haberse extendido pulgones que proporcionan mielada a las abejas. El pulgón de la escama batidora de la picea puede instalarse en la picea ya a finales de mayo y proporciona abundante melaza.

Traje de verano

La mielada de verano dura desde mediados de junio hasta finales de julio y, a veces, hasta mediados de agosto. Durante este tiempo, puedes llamar a tu miel miel de verano, Sommertracht o miel de Sommertracht. Según la región, fuentes ejemplares de miel son: trébol, zarzamoras, frambuesas, castañas dulces, hierbas silvestres y todo tipo de plantas ornamentales y útiles de los jardines y parques alemanes.

A nivel regional, pueden producirse mieles monovarietales, por ejemplo durante la floración del tilo, en la zona de cultivo del girasol o durante la temporada del espárrago. Presta atención a si tus abejas -si estás en la zona de cultivo del espárrago- traen polen rojo. Éste procede de los espárragos (Asparagus officinalis).

Ahora también es el momento en que puede producirse un vacío en la colmena, un momento en que tus abejas no encuentran suficiente alimento. Esto es más frecuente en zonas con un elevado monocultivo agrícola. Si se cultiva colza oleaginosa como cultivo de floración predominante, faltan masas de uva en cuanto se cosecha. Ahora las abejas tienen que recurrir a otras fuentes de polen, que a menudo escasean porque la agricultura moderna utiliza herbicidas y la hierba de los prados en barbecho se mantiene con demasiada frecuencia tan corta que nada puede florecer.

Spättracht

Después de la cosecha de verano, a finales de julio o mediados de agosto, empieza el periodo de cosecha tardía, que dura hasta finales de septiembre y, en veranos cálidos tardíos, incluso hasta octubre. La cosecha tardía es todo lo que tus abejas traen después de la segunda cosecha de miel, es decir, después de la cosecha temprana y después de la cosecha de verano.

Salvo contadas excepciones, esta cosecha no puede utilizarse para recolectar miel, ya que sigue siendo bastante escasa en cantidad y debe servir entonces como reserva de invierno para las abejas. Sin embargo, en las zonas donde se cultiva cada vez más girasol o trigo sarraceno, la cosecha tardía puede ser lo bastante abundante como para que tenga sentido otra cosecha de miel. La cosecha tardía también es posible en los brezales, donde todo empieza a florecer a finales del verano. Aquí florecen ahora el brezo de retama y el brezo de campana.

Sólo piensa en recoger la cosecha de trigo sarraceno si vives en una región donde se cultiva en todo el país. El trigo sarraceno florece desde finales de julio hasta finales de septiembre y proporciona abundante néctar. En las regiones adecuadas, es posible cosechar miel de alforfón pura.

El tiempo suave del otoño puede ser un problema para ti como apicultor en las regiones donde la mostaza blanca y el rábano oleaginoso se utilizan como abonos verdes en la agricultura. Si el tiempo es muy suave, se produce una floración otoñal de estas dos plantas, que tus abejas pueden utilizar para obtener miel. Esto hace que la colonia de abejas sea más vulnerable al ácaro Varroa, ya que es en este momento cuando debería empezar la inactividad invernal.

Rocío de miel

La introducción de mielada es posible desde finales de mayo hasta finales de septiembre, pero ocurre de forma irregular, ya que no se puede predecir la aparición de pulgones. Como resultado, las mieles que pueden denominarse miel pura de mielada son raras y más caras. Las plantas huésped típicamente infestadas por pulgones son: Pino, tilo, abeto y arce. La miel de mielada de estas fuentes -si es pura- suele llamarse miel de bosque, aunque los árboles estuvieran situados en la ciudad, por ejemplo. En la región de la Selva Negra, a las abejas también les gusta recoger la mielada del abeto, que allí produce miel pura de abeto.

Normalmente, el néctar y el melazo se recogen juntos, de modo que la miel resultante es una mezcla. Sin embargo, las mieles puras, por ejemplo de tilo y castaño, también pueden ser una mezcla de néctar y melazo.

ASIGNACIÓN DE PUESTOS EN LA COLMENA

Para que la colonia de abejas -también llamada abeja- funcione sin problemas y las 10.000 a 40.000 abejas individuales sepan todas lo que tienen que hacer, hay que realizar varias tareas. En primer lugar, está la reina, que pone los huevos y cuida de las crías. Además, las obreras realizan otras tareas.

El trabajo exacto que asumen está relacionado con su edad. En los primeros veintiún días tras la eclosión, las abejas siguen el siguiente patrón: limpieza, cuidado de la cría, construcción de panales, preparación de la miel, guardia. Después se convierten en recolectoras. Dependiendo de la zona en la que haya una necesidad adicional, las abejas melíferas también pueden cambiar de área de trabajo y desplegarse con flexibilidad allí donde se las necesite.

Según el desempeño de su función, la abeja obrera tiene glándulas activas. Glándulas forrajeras para las abejas nodrizas, glándulas cereras para las abejas constructoras y glándulas venenosas para las forrajeras. La activación e inactivación de las distintas glándulas la llevan a cabo las hormonas de la abeja en el curso de su desarrollo vital. Con el aumento de la "experiencia vital", los trabajos se hacen cada vez más exigentes hasta que las abejas mayores se convierten en recolectoras.

Abejas limpiadoras

Una abeja limpiadora se convierte en abeja inmediatamente después de la eclosión. En los primeros días de su vida, las abejas limpiadoras corretean por el nido de cría y limpian los panales usados de los restos de la cría anterior. Preparan los panales para la cría, la inserción de un huevo por la reina. Para ello, retiran los excrementos de la larva y los restos del capullo con ayuda de sus mandíbulas. Por último, recubren el panal con una capa desinfectante de propóleo.

También son responsables de la regulación de la temperatura en la colmena y pueden generar calor tensando y relajando rítmicamente sus músculos de vuelo. Las abejas limpiadoras son peludas, por lo que las abejas jóvenes pueden reconocerse fácilmente. A medida que envejecen, las abejas pierden cada vez más cerdas.

Abejas nodrizas

Las abejas nodrizas son abejas de entre cuatro y diez días de edad. Cuidan exclusivamente de la cría y de la reina. Para poder alimentar a las larvas, las abejas nodrizas tienen glándulas cefálicas activas en las que se forma una secreción, el jugo alimenticio o jalea real. Esta secreción se utiliza para alimentar a las larvas más jóvenes hasta la edad de tres días. Además, las abejas nodrizas se aseguran de que el polen y la miel terminada estén listos y alimenten a partir del cuarto día a las larvas que van a convertirse en obreras o zánganos. La larva de una nueva reina es alimentada con jalea real de alta calidad en lugar de la mezcla de polen y néctar durante todo su desarrollo.

Un cierto número de abejas nodrizas forman la corte de la reina. Están siempre alrededor de la reina y la alimentan con jalea real para mantenerla fuerte. La diferencia entre la papilla normal y la jalea real es que a esta última se le añade una elevada proporción de secreción de glándulas mandibulares. En cambio, la papilla normal procede de las glándulas hipofaríngeas y sólo se añade un porcentaje muy pequeño de las glándulas mandibulares.

Abejas constructoras

Las abejas constructoras se caracterizan por tener glándulas de cera activas en la parte inferior del abdomen. Las abejas viejas pueden volver a convertirse en abejas constructoras en momentos de mayor necesidad, principalmente en primavera, después de la enjambrazón, cuando se ocupa una nueva colmena. En este caso, las glándulas de cera inactivas se reactivan.

Si no hay que hacer una nueva construcción completa, son relativamente pocas las abejas constructoras que se ocupan del mantenimiento de los panales. Las plaquetas de cera del cuerpo graso se amasan entre las mandíbulas, con la adición de un poco de secreción de la glándula mandibular, y así se hacen maleables. Además de reparar los defectos de los panales, las abejas constructoras también se encargan de cubrir las celdas de cría y de miel.

Cuando construyen un panal nuevo o hacen una reparación importante, las abejas constructoras trabajan en equipo. Forman una red de abejas que producen la cera y luego la pasan a las abejas constructoras situadas debajo de la red, que le dan forma y la cultivan. Esto tiene la ventaja de que la temperatura es lo suficientemente alta, de 30 a 40 grados, para que la cera siga siendo flexible y fácil de trabajar.

Las abejas constructoras tienen una importancia mayor para la composición de la colonia de lo que parece a primera vista. La reina explora los panales vacíos con sus antenas y, dependiendo del tamaño del panal, pone un huevo fecundado para una obrera o un huevo sin fecundar para un zángano. El tamaño del panal de las obreras es de 5,2 a 5,4 milímetros de diámetro y de 10 a 12 milímetros de profundidad. Los panales de los zánganos tienen de 6,2 a 6,4 milímetros de diámetro y 16 milímetros de profundidad.

La cera recién producida tiene un color blanco puro. Al entrar en contacto con el polen, la miel y, por supuesto, la cría, se oscurece gradualmente y adquiere el típico color amarillo.

Fabricantes de miel

Las abejas nodrizas que no se convierten en abejas constructoras pasan directamente a ser productoras de miel. Son las abejas encargadas de gestionar los almacenes de miel. También se encargan de trasladar la miel.

Es importante que las larvas de la colonia de abejas dispongan siempre de miel suficiente para crecer sanas y convertirse en obreras o zánganos fuertes. Por eso a las abejas les gusta almacenar la miel cerca del nido de cría, el núcleo de la colonia. Esta zona se denomina anillo de forrajeo. La reina se sienta allí junto con sus abejas nodrizas. Cuando la comida es abundante, las obreras transportan la miel. Esto significa que la recogen de los panales cercanos al nido de cría y la trasladan a panales limpios más alejados. Allí la almacenan tapada para constituir una reserva.

Sin embargo, su trabajo no sólo incluye el traslado de la miel ya acabada, sino también el almacenamiento de la tracht recién traída. Mediante la trofalaxis, es decir, la alimentación social, las recolectoras entregan el contenido de sus vejigas melíferas a las mieleras, que distribuyen la mezcla ya predigerida en los panales. Los meleros también toman de los recolectores la resina de los árboles, que se utiliza para la producción de propóleos, y la almacenan en la colmena. Lo mismo ocurre con el polen. El polen que no se utiliza directamente para alimentar a las larvas lo almacenan los meleros en los panales exteriores de la corona de forrajeo y lo mezclan con secreciones glandulares y miel sin madurar. Así se crea el llamado "pan de polen" o "pan de abeja", que luego puede utilizarse como alimento cuando sea necesario.

Además de su trabajo de gestión de la miel, las obreras de la miel también son responsables de sacar la basura y los desechos de la colmena. Por lo general, la descripción del trabajo ya no está grabada en piedra a partir de esta edad, por lo que es muy posible que veas a las obreras de tu colmena caminando sobre los panales sin poder decir exactamente qué trabajo realizan.

Guardián

Aproximadamente del 18° al 20° día de vida, las abejas trabajan como abejas guardianas. Esto también representa la transición de la abeja colmena, que sólo permanece en la colmena, a la abeja voladora. Las abejas guardianas permanecen en la zona de entrada y realizan vuelos cortos de vigilancia cerca de la colmena. Toda abeja que quiera entrar en la colmena debe ser controlada por las abejas guardianas. Al hacerlo, las abejas establecen contacto a través de las antenas y la abeja guardiana comprueba el olor de la colmena de la abeja que llega. Sólo se permite el paso a las que tienen el olor adecuado y, por tanto, pueden ser identificadas como pertenecientes a la colmena. Todas las demás son atacadas con el aguijón venenoso.

La producción de veneno comienza con el 3er día de vida como abeja adulta y termina con una ampolla de veneno completa alrededor del día 15. En las abejas de verano, es decir, las que se incuban entre marzo y agosto, la producción de veneno termina con el 20º día de vida.

No sólo otras abejas e insectos, como avispones y avispas, son repelidos por las abejas guardianas. Los vertebrados más pequeños, como los pájaros y las musarañas, también pueden entrar en la colmena como depredadores. Sobre todo los enemigos más grandes no pueden vencer por sí solos a las relativamente pocas abejas guardianas. Entonces se libera la feromona de alarma y otras obreras acuden en ayuda de las abejas guardianas. Juntas matan al intruso y, si es imposible sacarlo de la colmena, lo momifican con propóleos. En determinadas situaciones, las abejas guardianas también toleran zánganos y obreras de otras colonias. Las obreras extraviadas o las abejas que han perdido su propia colonia pueden instalarse en una colonia ajena y son acogidas. Sin embargo, cuando la cosecha es escasa, las colonias pueden asaltarse entre sí y robar los almacenes de miel de la colonia extranjera. Las abejas guardianas reaccionan con más agresividad ante las abejas foráneas cuando estos robos se producen con más frecuencia y ya no les permiten el paso.

Recolección de abejas

Las obreras mayores, a partir de unas tres semanas de edad, se convierten en abejas forrajeras. Ahora pertenecen a las abejas voladoras y abandonan el nido protector para dedicarse a su trabajo: Recoger miel, melazo y polen para proporcionar alimento a la colonia. Una vez abeja recolectora, siempre abeja recolectora. Como abeja recolectora, su trabajo consiste en vigilar a las abejas recolectoras y guiarse así hasta la mejor fuente de miel. Recogen néctar, melazo, polen, agua y, si es necesario, materias primas para la producción de propóleos.

El comportamiento de las abejas recolectoras se denomina comúnmente "blütenstet". Esto significa lo siguiente: Como ya has aprendido, las abejas recolectoras vuelan para encontrar fuentes de polen especialmente lucrativas. Regresan a la colmena y realizan la danza de la cola. La abeja que anuncia el tracto más prometedor es seguida por las abejas recolectoras. Vuelan a esta colmena y también realizan la danza de la cola a su regreso, de modo que poco a poco todas las abejas recolectoras son inducidas a volar exactamente a esta fuente de la colmena. Este comportamiento se denomina bloomstet.

Que un racimo se considere lucrativo o no depende del número de flores y del contenido de azúcar y la cantidad general de néctar. La abeja buscadora vuela una y otra vez para traer néctar y polen hasta que muere en su último vuelo. Al cabo de dos o tres semanas, puedes ver claramente la tensión que sufren las abejas recolectoras. Suelen desgarrarse las puntas de las alas y la banda de color claro del abdomen desaparece cada vez más a medida que se rompen las cerdas. El abdomen se vuelve cada vez más oscuro y la abeja acaba perdiendo la capacidad de volar y muere fuera de la colmena.

Abeja de pista

Ser abeja rastreadora es el trabajo más peligroso de la colonia de abejas y sólo está reservado a unas pocas recolectoras. Son exploradoras, exploradoras del mundo y probablemente tienen la tarea más importante en la colmena: encontrar nuevas fuentes de miel. De este modo garantizan la supervivencia de la colonia. Durante la enjambrazón, las abejas rastreadoras tienen la tarea de encontrar un nuevo hogar y guiar al enjambre sano y salvo hasta allí. En unos instantes, las abejas rastreadoras consiguen formar una memoria sin errores de la ubicación y vuelan de vuelta al enjambre tras el vuelo de reconocimiento y no de vuelta a la antigua colmena.

Si ves que las primeras abejas salen volando de tu colmena por la mañana temprano o después de llover, se trata de las abejas rastreadoras que vuelan y van en busca de uva. Vuelan en un radio máximo de 3 a 5 kilómetros alrededor de la colmena. Están constantemente al acecho de néctar y melaza. En primavera, también buscan fuentes de agua y polen para satisfacer la demanda adicional de líquido y proteínas.

Como ya has aprendido en el capítulo sobre la fisiología de las abejas, las abejas rastreadoras pueden marcar con olores las fuentes de tracht encontradas. Además, se llevan a casa una muestra de tracht en la vejiga de miel para que las recolectoras la prueben. La danza de la cola, el marcado con olores y el olor y el sabor de la nueva fuente de tracht muestran entonces a las buscadoras un camino seguro hacia la nueva fuente de alimento.

Abejas de invierno

Las abejas de invierno son las abejas que salen de la cría en otoño. Su tarea consiste en cuidar de la reina en invierno y mantenerla sana. En cuanto a su anatomía y fisiología, las abejas de invierno no difieren de las de verano, sólo es distinto su campo de actividad. Ya no vuelan para recoger uvas, sino que permanecen exclusivamente en la colmena. Su trabajo principal es proporcionar producción de calor formando el racimo de invierno. La reina sigue recibiendo alimento de su corte.

Una vez pasado el invierno y la temporada de cría se acelera lentamente, las abejas de invierno tienen que adaptarse con flexibilidad a sus nuevas áreas de responsabilidad, convirtiéndose en abejas limpiadoras, abejas nodrizas, abejas constructoras, guardianas, recolectoras y rastreadoras. Con ello, empiezan a envejecer por el esfuerzo del trabajo como la abeja de verano y mueren a finales de marzo o principios de abril. En este momento, la primera generación de abejas de verano se ha hecho cargo del trabajo en la colmena.

La Reina

En el lenguaje técnico de la apicultura, la reina se denomina "abeja reina". También se suele utilizar el término "madre de la colmena" para describir a la reina. Es la única abeja que sobrevive varios años. Ya has aprendido algunas cosas sobre la reina, como que emite sustancia reina, una mezcla de feromonas que indica a todas las abejas que tienen una reina fuerte y sana. Su mayor y más importante tarea es la reproducción, la puesta de huevos. Realiza este trabajo año tras año, de marzo a agosto. El proceso se denomina "puesta de alfileres". Cada día pone hasta 1.200 huevos -llamados alfileres- en las celdillas preparadas del panal. Convertida, produce y pone cada día el 80 % de su propio peso en huevos. Sólo puede mantener este rendimiento con la jalea real, rica en proteínas, como jugo alimenticio.

Dos situaciones pueden conducir a la cría de una nueva reina. La reina vieja ha llegado al final de su vida y muere poco antes o poco después de la eclosión de su sucesora. En este caso no hay división de la colonia, también se denomina transferencia silenciosa. En el otro caso, la colonia ha crecido tanto que se divide. En este caso, la antigua reina abandona la colmena con parte de la colonia poco antes de que nazca la nueva reina.

El desarrollo completo de una reina dura 16 días. Pasa 10 días en el huevo y como larva. El periodo de latencia pupal, la metamorfosis, dura 6 días.

Drone

La abeja macho nace con un único propósito: aparearse con la reina de una colonia extranjera.

La colonia produce zánganos sólo cuando los necesita, es decir, en el momento de la enjambrazón. Al aparearse sólo con reinas de una cepa diferente, los zánganos garantizan el intercambio de material genético y evitan la endogamia.

Los zánganos se desarrollan a partir de huevos no fecundados. Genéticamente, por tanto, no tienen padre, pero tras un apareamiento exitoso pueden convertirse en el padre de una colonia de abejas completamente nueva.

En los primeros días de vida, los zánganos son alimentados con jugo alimenticio por las obreras, tras lo cual se alimentan de las reservas de miel de la colonia. Necesitan grandes cantidades de proteínas, es decir, polen, para la producción de esperma. La madurez sexual se alcanza entre el 8º y el 12º día de vida. Para entonces, los zánganos han producido entre 8 y 11 millones de espermatozoides.

El zángano realiza algunos vuelos cortos de orientación en los primeros días de vida y vuela a los lugares de recolección de zánganos, donde las abejas macho están siempre a la caza de una reina adecuada. Una vez que la ha encontrado, muere durante el apareamiento tras transferir su esperma a la reina.

Un zángano fracasado puede vivir de 30 a 40 días y, por lo general, las obreras lo expulsan de la colmena antes de invernar. Esto se denomina batalla de zánganos. En raras ocasiones, sin embargo, puede ocurrir que los zánganos individuales sean tolerados en la colmena durante el invierno y puedan invernar con ellos.

EL NIDO

Puedes considerar el nido de cría de tus abejas como el corazón de la colmena. Aquí es donde tiene lugar la reproducción, por lo que esta zona merece una atención especial. En una colonia más pequeña, el nido de cría se extiende sobre un marco; una colonia más grande, también llamada comercial, suele tener un nido de cría repartido en dos marcos.

Aprovecha los días cálidos para ver el nido de cría de tus abejas. La temperatura del aire debe ser superior a 20 grados para que las larvas no se enfríen. Anota todas tus observaciones en el cuadro de la colmena. Éste es tu registro de la colmena. Tienes una ficha de colmena distinta para cada colmena, en la que anotas todo lo que ocurre alrededor de tus abejas y también el trabajo que has realizado en relación con las abejas.

Aquí también hay espacio para anotar las observaciones que hayas hecho en relación con el nido de cría. En el centro del panal de cría puedes ver las celdillas de cría, que están bordeadas por fuera con celdillas de panal llenas de polen. El conjunto está rodeado de celdillas llenas de miel, que o bien ya está madura y lista para alimentarse, o bien aún está fresca e inmadura. Esta estructura característica del nido de cría se denomina anillo de alimentación.

La metamorfosis de la abeja
Puedes encontrar diferentes cosas en las celdas de cría. Un

huevo, llamado alfiler, un gusano redondo, un gusano alargado o la pupa, que sufre una metamorfosis holometábolica y se transforma de larva, de construcción mucho más simple, en insecto adulto (imago).

Este desarrollo -de huevo a imago- es asombrosamente rápido en las abejas: en sólo tres semanas, la abeja terminada sale de su pupa. Otros insectos tienen tiempos de desarrollo de varios meses, algunos incluso de varios años, como las especies de cucarachas o libélulas. Para hacer posible este rápido crecimiento, las abejas nodrizas hacen todo lo posible por suministrar a la cría jugos alimenticios ricos en energía.

El huevo fecundado constituye la primera de las tres fases de crecimiento de la abeja. En cuanto ha sido puesto por la reina, comienza en su interior el desarrollo embrionario hasta convertirse en larva, que eclosiona del huevo al tercer o cuarto día de su puesta.

Ahora comienza la segunda fase del desarrollo: la fase de crecimiento. Aquí la larva recibe alimento de las abejas nodrizas y crece con bastante rapidez hasta convertirse en el gusano redondo acabado, que alcanza su peso final de 150 a 160 miligramos en sólo cinco días. Hasta ese momento, la larva de abeja ha mudado cuatro veces y se ha desprendido del antiguo exoesqueleto, que se ha vuelto demasiado pequeño, para obtener un nuevo caparazón más grande. Apenas quedan restos de este antiguo exoesqueleto, ya que está formado por proteínas y los gusanos se lo comen directamente para no desperdiciar las valiosas proteínas.

Un gusano redondo que ha alcanzado su peso final se convierte en un gusano alargado. Esto significa que ya no está enroscado en su celda de cría, sino que se estira. Las obreras cubren ahora la celda de cría y comienza la tercera fase: la diferenciación o metamorfosis. El gusano estirado teje ahora un fino capullo a su alrededor y se convierte en una prepupa. Ahora la larva se despoja de su piel por quinta vez, esto ocurre aproximadamente en el día 13 de su desarrollo. Esto produce la pupa terminada, en cuyo interior la larva adquiere ahora una forma más compleja y diferenciada y se convierte en una imago: la abeja adulta terminada.

Al final del letargo pupal, hacia el día 21, se produce la última muda, la sexta en número. Esta última muda abre la tapa de la celda de cría y eclosiona el insecto terminado.

EL ENJAMBRE

Como apicultor, es esencial que comprendas la dinámica de la enjambrazón para evitar que tus colonias se enjambren sin control. La enjambrazón que no controlas es mala para la colonia y para la propia apicultura por varias razones:

• Especialmente en las zonas urbanas, a un enjambre asilvestrado le resulta difícil encontrar un alojamiento adecuado y muere si no lo atrapa un apicultor.

• Un enjambre de abejas volando libremente puede causar fácilmente el disgusto de tus vecinos.

• Los éxitos de cría de los últimos años se ven anulados por las colonias de abejas asilvestradas, ya que éstas reaccionan básicamente de forma más agresiva para defenderse de los depredadores. El apareamiento de colonias de cría con abejas silvestres liberadas en la naturaleza puede hacer que las colonias mantenidas por humanos también vuelvan a ser más agresivas.

Así pues, tu trabajo como apicultor consiste en prevenir la enjambrazón incontrolada mediante una buena gestión y un conocimiento suficiente de la fisiología de la enjambrazón.

Enjambre

No hay "una" razón para que tu colonia enjambre. Más bien se trata de una combinación de factores y sólo podrás saber si tu colonia está en disposición de enjambrar si la observas atentamente con regularidad y conoces bien su comportamiento. Para que una colonia esté en disposición de enjambrar, deben concurrir varios factores. En primer lugar, debe completarse el desarrollo y la formación de la cría. Una colonia debe salir bien del invierno antes de pensar en enjambrar. Debe ser una colonia sana, una colonia enferma no tiene fuerzas para prepararse para la enjambrazón. Además, la enjambrazón sólo tiene lugar cuando hay suficiente miel disponible. El periodo para ello es entre mayo y mediados de julio, dependiendo del tiempo.

Una colonia enjambrará más fácilmente si hay falta de espacio. Si el almacén está lleno y el espacio empieza a escasear, se prepara una división de la colonia por enjambrazón. Otra razón para dividir una colonia muy crecida es que la sustancia reina de la colonia esté demasiado diluida. Si la concentración de la mezcla de feromonas disminuye demasiado, las obreras empiezan a prepararse para la enjambrazón.

Para ello ponen copas de reina. Estas celdillas redondas suelen colocarse en el borde del panal de cría; a menudo se extienden hasta el marco de madera, lo que te facilita, como apicultor, el reconocimiento de las copas de reina. En cuanto la reina ha polinizado una de estas copas, es decir, ha puesto en ella un huevo fecundado, las obreras la convierten en una celda reina y comienza la cría de una nueva reina.

Mientras se cría la nueva reina -normalmente se desarrollan varias reinas potenciales al mismo tiempo-, la reina vieja debe ponerse en condiciones de volar. Sin embargo, los ovarios activos añaden demasiado peso, por lo que la reina no podría volar en estas condiciones. Por lo tanto, su corte la pone a dieta y sólo recibe una ración económica de comida. Al mismo tiempo, es "obligada a hacer ejercicio" por las obreras que tocan el tórax de la reina con sus patas y producen vibraciones. De este modo, la reina tiene que correr sobre los panales como entrenamiento físico. Mediante este programa deportivo, la reina pierde alrededor del 25 % de su propio peso y no pondrá nuevos huevos durante este tiempo.

Ahora, al mismo tiempo, los procesos controlados hormonalmente empiezan a reactivar las glándulas cereras de las recolectoras y otras obreras, de modo que el enjambre tiene muchas abejas constructoras activas, que pueden entonces empezar directamente con la construcción de nuevos panales en la nueva carcasa. Poco antes de la salida definitiva, las abejas que "abandonan" la colmena con el enjambre llenan sus vejigas de miel con provisiones suficientes para sobrevivir al viaje y a la construcción de la nueva colmena. De este modo, el nuevo enjambre se lleva unos 500 gramos de miel.

El extracto

Ya se han hecho todos los preparativos para el enjambre. Poco antes de que empiece por fin, vuelve la calma. A menudo las abejas cuelgan en forma de racimo de enjambre delante del agujero de vuelo, de modo que puedes reconocerlas muy bien. En este momento, como muy tarde, deberías haber hecho todos los preparativos para atrapar con éxito el enjambre, porque en ese momento ya no puedes detener la enjambrazón. Cuando recibas la señal de inicio de las abejas rastreadoras, estarás listo para partir.

Así que todo depende de las abejas rastreadoras. Éstas determinan el momento final para que el nuevo enjambre abandone el nido. Para determinar este momento, las abejas rastreadoras se desplazan del interior al exterior. Perciben las condiciones meteorológicas, que deben ser cálidas y secas para que el enjambre tenga éxito, y al mismo tiempo comprueban el estado de las celdas reales.

Cuando estén listas para el despegue, genera una vibración en los panales a una frecuencia de 200 - 250 Hz. Esta frecuencia es absolutamente específica para el enjambre. Cada vez se unen más abejas rastreadoras del enjambre y alertan así a las abejas que esperan. La temperatura de la colmena aumenta al mismo tiempo que la tensión y finalmente (literalmente) todas las abejas rastreadoras participantes salen corriendo, arrastrando consigo a las obreras y a la reina: el enjambre, formado por dos tercios de las abejas adultas de la colmena, se eleva.

Sin embargo, sólo para un vuelo corto, lo que es muy conveniente para ti como apicultor. El enjambre se posa en un punto cercano, normalmente elevado, como la rama de un árbol, y forma allí el enjambre. Las abejas se aferran literalmente unas a otras y esperan. El tiempo que el enjambre pasa en este punto varía de unas horas a unos días. Depende totalmente del tiempo que tarden las abejas rastreadoras en encontrar una nueva morada adecuada. Durante este tiempo el enjambre es muy vulnerable. Si el buen tiempo se interrumpe de repente, por ejemplo si hay una tormenta de verano, todo el enjambre puede morir.

El radio de búsqueda de las abejas rastreadoras es de unos 2 a 3 kilómetros alrededor del enjambre que se ha formado. Una vez que una abeja rastreadora ha encontrado una posible morada, regresa y ejecuta su danza de la cola. A veces, algunas abejas se escapan y exploran también la vivienda anunciada. Finalmente, el enjambre en su conjunto decide cuál es la mejor colmena anunciada. Una vez tomada la decisión, las abejas rastreadoras activan a las demás abejas del enjambre mediante vibraciones y empujones, y el enjambre sale en conjunto para trasladarse a la nueva vivienda.

Formación de un nuevo pueblo

El enjambre de abejas sólo vuelve a ser una colonia cuando se ha ocupado el alojamiento, se han construido los panales, se han puesto los primeros huevos y se ha traído la primera cosecha. Lo más importante es la colmena. Las abejas prefieren cavidades habitables con un volumen de unos 40 litros. Preferiblemente a una altura de 5 a 6 metros, con un pequeño orificio de entrada orientado hacia el sur o el suroeste. Por supuesto, el interior de la madriguera debe estar seco y no permitir corrientes de aire. A las abejas les gusta rellenar las pequeñas grietas y agujeros con propóleos para evitar las corrientes de aire.

Una vez que se han trasladado a la casa, las obreras empiezan inmediatamente a construir panales y se dan un festín con las provisiones que han cogido de la antigua casa. Dependiendo de cuándo haya salido el enjambre, ahora tiene más o menos tiempo para recoger la primera cosecha que garantice su supervivencia. Si el tiempo empeora demasiado deprisa o si se produce un vacío en la colmena por otros motivos, las provisiones pueden escasear rápidamente y el enjambre muere de hambre. Por regla general, los enjambres que vuelan a principios de año tienen más posibilidades de sobrevivir que los que lo hacen sólo a finales de julio o en agosto, por ejemplo.

Pocos días después de mudarse, la reina empezará a poner huevos de nuevo en cuanto las obreras hayan creado panales de cría y haya suficiente suministro de comida para proporcionar a las larvas jugo alimenticio.

¿Qué ocurre con los ancianos?

El primer enjambre que abandona la colonia suele denominarse preenjambre. Dependiendo de la fuerza de la antigua colonia restante, puede formarse un segundo enjambre mucho más pequeño. Éste se denomina postenjambre.

Como ya sabes, poco antes de la enjambrazón se crean varias celdas reales, en las que se desarrollan las próximas reinas. Normalmente, las precursoras se van antes de que la nueva reina salga de su celda. Las obreras salvan este tiempo continuando con su trabajo.

Si la primera reina joven está entonces preparada para salir del cascarón, se anuncia con un determinado patrón de vibración desde el interior de su celda reina. Se trata de saber si la reina vieja ya se ha marchado de la colonia. Como apicultor, incluso puedes oír este sonido, que recuerda a un graznido, desde fuera de la colmena. Si ahora hay una respuesta de la antigua reina, también mediante un patrón de vibración que produce con sus músculos de vuelo, la nueva reina sabe que aún tiene que esperar con la eclosión y permanece en su celda reina. De vez en cuando vuelve a hacer la pregunta vibrando y eclosiona en cuanto la antigua reina ya no le responde, cuando ha abandonado la colmena.

Como ahora varias reinas jóvenes están listas para eclosionar casi simultáneamente, la siguiente reina no tardará en informarse a través de la señal de vibración. O bien, en el caso de una colonia muy fuerte, se formará ahora un segundo enjambre, el postenjambre, que también abandonará la colmena, o bien la nueva reina matará a su competidora aún en la celda de cría mediante un aguijonazo. Si eclosionan varias reinas al mismo tiempo, lucharán entre ellas.

Son las obreras, no la nueva reina, las que deciden si se desarrollará un enjambre secundario. Depende únicamente de si la situación de la cría y las reservas de miel siguen siendo suficientes para dividir la colonia. Si es así, las obreras protegen a las reinas en las celdas reales para que la otra reina no pueda matarlas. Se desarrolla el enjambre posterior. Si las reservas no son suficientes, las obreras no protegen a las reinas en las celdas reales y la joven reina puede eliminar a sus rivales.

¿Cómo empezar?

En este capítulo tendrás una breve visión general de todas las cuestiones importantes que debes tener en cuenta y conocer antes de adquirir una colonia. Utiliza esta sección como una especie de guía o lista de tareas para comprobar que has pensado en todo lo importante y has hecho todos los preparativos.

Recuerda que con la apicultura estás asumiendo la responsabilidad de criaturas vivas. Las abejas son, a su manera, igual de exigentes en el mantenimiento en determinadas épocas del año y te exigen tanto tiempo como cualquier otra mascota. Así que debes ser consciente de que estarás atado a tus abejas, sobre todo en primavera y verano. ¿Puedes compaginarlo con tu calendario de vacaciones, tu trabajo y tu familia? Esta es la primera pregunta que debes hacerte.

Tómate el tiempo suficiente y reflexiona sobre las siguientes preguntas para averiguar por ti mismo si estás preparado para criar abejas:

- ¿Tienes una conexión con la naturaleza, su flora y su fauna?

- ¿Eres una persona tranquila y actúas siempre de forma reflexiva y no frenética? Ser frenético puede ahuyentar a tus abejas y hacer que te vean como un peligro.

- ¿Tienes dotes organizativas y cierta destreza manual

para manejar la revista apícola?

• ¿Estás dispuesto y tienes tiempo para dedicar de tres a cuatro horas a la semana a tus abejas? Tendrás que dedicar este tiempo principalmente en primavera y verano. En otoño e invierno, correspondientemente menos.

• Si eres alérgico al veneno de las abejas o tienes otras restricciones de salud que te impidan realizar el trabajo físico en la colmena, debes desistir de criar tus propias abejas para proteger tu propia salud.

ANTES DE EMPEZAR

Gestionar una colonia de abejas de forma rentable requiere un alto nivel de conocimientos que no puedes adquirir sólo leyendo libros y guías. Nada sustituye a los consejos y trucos que puede darte un apicultor experimentado. Por eso merece la pena hacerse miembro de una asociación de apicultores al principio de tu carrera y encontrar un mentor apicultor. Esta persona puede ayudarte con tu propia colonia o enseñarte ciertos movimientos manuales en su colonia. Allí podrás familiarizarte con las abejas al principio. Podrás ver, oír y sentir todo aquello sobre lo que sólo has leído en teoría.

La asociación de apicultores de tu zona también puede ayudarte con direcciones y consejos valiosos. En ella podrás incluso pedir prestado material o, al menos, obtener direcciones y puntos de contacto donde conseguir todo lo que necesites. También puedes ponerte en contacto con expertos apícolas, apicultores especialmente formados, a través de tu asociación. Por último, la asociación también te ofrece la posibilidad de conseguir un apicultor mentor. Este apicultor experimentado te acompaña de palabra y obra durante los dos o tres primeros años de tu apicultura y siempre está ahí para ti y tus abejas.

¿CUÁNDO ES EL MEJOR MOMENTO PARA EMPEZAR?

Como las abejas son animales estacionalmente activos, el momento de empezar es bastante fijo. Dependiendo de cómo adquieras tus primeras abejas, el momento adecuado también estará predeterminado.

La forma más fácil de hacerlo es comprar uno o varios vástagos a un apicultor experimentado. El apicultor construye un vástago dividiendo y reduciendo así el tamaño de una colonia fuerte. La ventaja de un vástago es que las colonias crecen lentamente y no corres el riesgo de tener pronto un enjambre sin hogar en tu jardín. Sin embargo, no puedes cosechar miel de un vástago pequeño el primer año. La colonia crece lentamente y acumula reservas para pasar el invierno. En tu segundo año, tu colonia habrá alcanzado el tamaño de una colonia comercial y podrás esperar una abundante cosecha de miel. Por supuesto, también puedes conseguir tu primera colonia capturando un enjambre, pero en realidad sólo debes hacerlo en colaboración con un apicultor experimentado, pues de lo contrario te pones en peligro a ti y al enjambre.

Un apicultor experimentado, o si cuenta con el apoyo de un apicultor muy experimentado, también puede comprar una colonia comercial directamente en abril. Estas colonias fuertes tienen la ventaja de permitir una cosecha de miel ya en el primer año tras la compra. Sin embargo, debes estar familiarizado con las medidas que debes tomar para evitar la enjambrazón, de modo que tu colonia no se despida pronto de sí misma.

Una y otra vez, los pueblos también se ofrecen con descuento. Esto tiene la ventaja de que a menudo también puedes hacerte con utensilios y equipos y no tienes que volver a comprarlos. Aquí juega un papel especial la temporada, si puedes trasladar las colonias en el mismo año o si es más inteligente dejar que las colonias pasen el invierno en su lugar habitual. Por tanto, hacerse cargo de una finca sólo es recomendable para apicultores experimentados.

PREPARACIÓN

Antes de que tus abejas puedan instalarse contigo, debes haber adquirido varias cosas. Entre ellas, el alojamiento para tus abejas, pero también tu equipo de protección personal.

Las colmenas

Colmena es el término técnico para designar el alojamiento de tus abejas. Existen diferencias regionales en las formas de apicultura, de las cuales la apicultura de revista es la más común. Otras formas de apicultura son: Stülper, colmena y caja colmena. En el caso de la colmena, no es posible recolectar miel; esta forma sólo es adecuada para criar abejas. La colmena revista es la llamada colmena vertical.

Las colmenas individuales tienen un fondo en el que puedes colocar tantos marcos como quieras, casi como un juego de construcción, que puedes ampliar hacia arriba como quieras. Los bastidores son marcos de madera en los que cuelgas los marcos que las abejas utilizan para construir sus panales. En el marco superior se coloca una tapa para cerrar toda la estructura. Una ventaja de la colmena de revista es que puedes apilar tantos marcos unos encima de otros como quieras y así, según el tamaño de tu colonia, crear un espacio mejor o también reducir el espacio disponible, lo que resulta útil en otoño, por ejemplo. Las colmenas pueden ser de madera o de poliestireno. Clásicamente se utilizan colmenas de madera, ya que también son más respetuosas con el medio ambiente que las variantes de poliestireno en cuanto al reciclaje ecológico de residuos.

Dentro de los bastidores cuelgan los ya mencionados marcos de madera, que a los apicultores también les gusta llamar cuadros. Los marcos son el espacio que las abejas llenan con panales. Para estabilizar los panales y facilitárselo a las abejas, los marcos suelen estar reforzados con alambres finos o incluso con una pared intermedia, que tú, como apicultor, puedes especificar para que las abejas puedan colocar sus panales a ambos lados de esta pared intermedia. Esto facilita la construcción a las abejas, pues ya les estás dando parte de la cera.

Sólo gracias a los marcos desmontables es posible recolectar la miel, ya que los marcos se pueden centrifugar.

El lugar

Protegida del viento y estable son los requisitos indispensables para la ubicación de tu colmena. Ya se ha mencionado anteriormente que las abejas prefieren una ubicación más elevada, así que asegúrate de no colocar tu colonia en una depresión y nunca coloques las colmenas directamente sobre el suelo. Utiliza palés u otras plataformas, por ejemplo, para colocar las colmenas a mayor altura.

Lo ideal es que los agujeros de vuelo estén orientados hacia el sur o el suroeste y que la zona situada justo delante del agujero de vuelo esté lo más libre y poco utilizada posible. Una zona libre de unos tres metros de diámetro ha demostrado ser útil. Existen recomendaciones sobre el espacio que debe tener tu propiedad o la ubicación de las abejas: 100 metros cuadrados son adecuados para cada colonia de abejas. Por supuesto, a menudo esto no es posible, sobre todo en la ciudad. ¡Así que piensa en tus vecinos! Para evitar disgustos, es aconsejable acordar la ubicación con los respectivos vecinos. Sé receptivo a las preocupaciones de tus vecinos, a los temores por sus hijos o a las posibles alergias al veneno de las abejas.

Si hay reservas que no se pueden disipar, deberías buscar otra ubicación y, posiblemente, plantearte un huerto alquilado.

En algunas zonas, las llamadas zonas protegidas o zonas restringidas, la apicultura no está permitida. Infórmate previamente con las autoridades responsables para evitar advertencias o condiciones estrictas.

TRANSPORTE DE ABEJAS

El transporte de las abejas se realiza básicamente en la colmena. Se trata de un proceso muy delicado que puede provocar la muerte de toda la colonia si no lo realiza un experto. Por tanto, presta atención a las cosas esenciales durante el transporte y, en caso de duda, pide ayuda a un apicultor experimentado.

La muerte durante el transporte se produce por lo que se conoce como abrasamiento. Esto ocurre cuando la colonia se sobrecalienta dentro de la colmena. Cuando sube la temperatura, las abejas aumentan su actividad y baten las alas para enfriar la colonia. Sin embargo, has cerrado previamente el orificio de vuelo para que ninguna abeja se pierda durante el viaje o incluso se escape en tu propio coche y te ataque.

Ahora no puede entrar aire frío en la colmena porque el agujero de vuelo está cerrado. Por tanto, la actividad de las abejas conduce a lo contrario: cada vez hace más calor. Esto es fatal para los panales de cera, que pierden estabilidad con el aumento de la temperatura y acaban rompiéndose. La miel madura e inmadura gotea sin control y los sensibles cuerpos de los insectos se pegan. Esto suele ser la sentencia de muerte para toda la colonia.

Por tanto, transporta a tus abejas sólo en días suficientemente frescos. Para preparar el transporte, cierra cuidadosamente el orificio de vuelo con espuma. Para no excluir a ninguna abeja de la colmena y olvidarla en la antigua ubicación, sólo debes hacerlo fuera de las horas de inundación: es decir, a primera hora de la mañana, a última hora de la tarde o en un día lluvioso. Asegúrate de que las colmenas están estibadas de forma muy segura en el coche, en el remolque o en la zona de carga con correas tensoras y otras medidas para que nada pueda deslizarse o volcar. Cuando hayas llegado al lugar deseado y la colmena esté satisfactoriamente colocada, retira la espuma del agujero de vuelo y aléjate rápidamente. A las abejas no les gusta el transporte y pueden reaccionar en consecuencia con enfado y agresividad.

Da a tus abejas unos días para que lleguen y se familiaricen con el nuevo entorno. Aprovecha también este tiempo: observa y conoce a tus abejas. Especialmente en estos primeros días puedes observar muchas abejas rastreadoras y abejas que pican en el agujero de vuelo para difundir el olor de la colmena. Al cabo de unos días puedes abrir con cuidado la colmena por primera vez y observar también a tu abeja desde dentro. ¿Qué puedes ver? No dudes en aprovechar los conocimientos de tu mentor apicultor y pedirle que te explique lo que ves.

Solicitar un certificado sanitario: los trámites necesarios

Ten en cuenta que se requiere un certificado sanitario para trasladar una colonia de abejas más allá de las fronteras del distrito. Así lo estipula la Ordenanza sobre Enfermedades de las Abejas y sirve para garantizar que sólo se trasladen colonias sanas. Así se evita la propagación de la enfermedad de las abejas "loque americana".

Además, debes notificar tu apicultura a la oficina veterinaria responsable de tu distrito y presentar una copia de este certificado sanitario. En algunos estados federados, además de esta notificación, también debes registrar tu apicultura en la caja responsable del seguro de enfermedades animales. La asociación de apicultores responsable de ti puede indicarte exactamente qué tienes que hacer y dónde tienes que registrarte.

También tiene sentido contratar un seguro de responsabilidad civil para las abejas. A menudo, el seguro está incluido en la afiliación a la asociación de apicultores. Si no es así, los responsables de la asociación pueden decirte exactamente qué hacer.

El apicultor

En Alemania hay unas 600.000 colonias de abejas. El apicultor medio es varón y tiene 57 años. Al menos esto último está cambiando en estos años. Durante mucho tiempo, la apicultura se consideró un pasatiempo para "abuelos y ancianos", lo que afortunadamente ya no es el caso hoy en día. Cada vez más jóvenes y también mujeres encuentran diversión en la apicultura y la cría de abejas. Pero, ¿qué es lo que hace a un apicultor y qué necesita para dedicarse a su afición con éxito?

Hasta los siglos XVIII y XIX, las colonias de abejas silvestres eran explotadas por el hombre. Aquí simplemente se cortaban los panales, la supervivencia de la colonia era secundaria. Hoy en día, el valor de cada colonia individual de abejas es ampliamente conocido. El servicio de polinización que prestan las abejas es deseable y, por tanto, la supervivencia y la salud de cada colonia individual de abejas es cada vez más el centro de atención de la apicultura. La miel sólo se cosecha cuando no perjudica a las abejas.

¿QUÉ TENGO QUE HACER COMO APICULTOR?

Las colonias salvajes muestran dos comportamientos que un apicultor quiere evitar en su colonia.

1. La enjambrazón se produce regularmente a medida que la colonia aumenta de tamaño.

2. Al cabo de unos años, se abandona completamente la vivienda actual y se busca un nuevo hogar limpio para evitar que se ensucie mucho y se infeste de parásitos.

Como apicultor, tu trabajo es detener este comportamiento. En consecuencia, asumes la responsabilidad de mantener limpia la colmena y controlar eficazmente las enfermedades.

Cámara de cría y cámara de miel

En la apicultura de revista es posible separar espacialmente la cámara de cría de una zona que se utiliza exclusivamente para almacenar miel: la cámara de miel. Esto se consigue insertando una rejilla. Esta rejilla es tan fina que la reina no puede atravesarla. Las obreras pueden atravesarla y utilizar los panales de la cámara de miel exclusivamente para almacenar miel.

Si tu colonia crece mucho en primavera, pon otra caja de cría. Esto dará a tu colonia espacio para expandirse y almacenar más comida. Esto y la cosecha de miel evitan la enjambrazón.

Propagación controlada

Una nación no vive eternamente. En algún momento muere, por muy buena que sea su gestión. Por tanto, para preservar la abeja melífera como especie, es esencial que cuides la reproducción de tu colonia. Para evitar enjambres incontrolados, forma vástagos de tu propia colonia.

Para ello necesitas una colmena vacía. Retira varios panales de cría de la colonia existente, añade panales vacíos y marcos con paredes centrales en los que las abejas constructoras puedan colocar nuevos panales. Coloca esta construcción en la nueva colmena. Las abejas adheridas a los panales retirados también se transfieren y forman el retoño de la colonia.

Promover la higiene: Higiene en panal

Los patógenos se acumulan en la cera de los panales viejos. Éstas son las razones por las que las abejas abandonan la colmena vieja al cabo de cierto tiempo y se instalan de nuevo. Para evitarlo, como apicultor, es necesario retirar de vez en cuando los panales viejos de la colmena. De este modo estimulas a tus abejas para que construyan panales nuevos, que vuelven a tener un mejor estado higiénico.

Alimentación

En raras ocasiones, hay apicultores aficionados que no tienen como objetivo extraer miel. La mayoría de los apicultores, sin embargo, quieren extraer la miel de sus abejas y utilizarla comercialmente o para su propio consumo. Al extraer la miel, privas a tu colonia de su medio de vida:

su suministro de alimentos. Por tanto, es responsabilidad tuya realizar la alimentación invernal y la alimentación de emergencia cuando haya huecos en la colmena, para mantener a tus abejas llenas y sanas.

¿PASATIEMPO O PROFESIÓN?

Hay algunos términos que difieren en función de si practicas la apicultura como afición o con fines comerciales. Si eres un apicultor puramente aficionado, crías abejas en tu propio jardín. No persigues ningún fin comercial con ello, no tienes que registrar una empresa.

Se habla de colmenar cuando se crían abejas con fines comerciales. Entonces se te llama apicultor profesional o apicultor a tiempo parcial y tu objetivo es ganar dinero con tus abejas, posiblemente incluso a tiempo completo. No basta con poseer sólo cinco colonias de abejas. Por término medio, los apicultores profesionales tienen entre 50 y 500 colonias de abejas.

Como apicultor, te dedicas por entero a la cría de la abeja melífera. No extraes miel, sino que te ocupas exclusivamente de la reproducción.

Existe una formación profesional reconocida para apicultores que dura tres años y termina con un examen de oficial. El título oficial es "Tierwirt, Fachrichtung Imkerei".

EL EQUIPO APÍCOLA

El equipo necesario para la apicultura y la apicultura puede dividirse a grandes rasgos en dos tareas: el equipo que necesitas para la apicultura y el manejo de tu colonia, y el equipo que necesitas para la extracción y el procesamiento de la miel.

Este libro te presenta el equipo para la apicultura de revista. Esta forma de apicultura es la más extendida actualmente en Alemania. Se trata de una colmena móvil. En las colmenas móviles, los panales se construyen en los cuadros, que puedes colgar en la colmena con los cuadros y también volver a sacarlos. Con esta forma de apicultura, la miel puede extraerse por centrifugación y apenas contiene cera. En cambio, en la llamada colmena estable los panales son fijados en la colmena por las abejas. Aquí no puedes sacar los panales sin más. Hay que cortarlos para extraer la miel. Ahora se cortan los panales y se extrae la miel presionando y escurriendo. En consecuencia, la miel obtenida de este modo se llama miel prensada o miel de goteo: Miel prensada o miel de goteo. En estas formas de miel, hay correspondientemente más contenido de cera, lo que cambia claramente el sabor.

Las colmenas estables tienen otra clara diferencia y al mismo tiempo una grave desventaja con respecto a las colmenas móviles, que las hace inadecuadas sobre todo para los apicultores inexpertos. Sólo tienes una visión limitada de tu colonia desde el exterior, por lo que reconoces las enfermedades y otros problemas mucho más tarde que con la colmena móvil.

Revista colmena

Existen diferentes colmenas de revista, lo que se debe principalmente a los distintos tamaños de los marcos utilizados. Averigua de antemano qué tamaño de marco es habitual en tu zona. Esto te facilitará la compra de material más adelante.

Por supuesto, eres libre de elegir el tamaño que quieres que tengan tus bastidores, también podrías construirlos tú mismo. Sin embargo, para facilitar el trabajo, es aconsejable ceñirse a las dimensiones estándar.

Un marco forma una capa en la colmena de revista, que puedes llenar con 6 a 12 marcos, medidos según las dimensiones de los marcos. Dependiendo del uso previsto, también hay marcos especiales. Los medios marcos, por ejemplo, son sólo la mitad de altos y ofrecen espacio para marcos de media altura. Puedes utilizar estos medios marcos como cámara de miel, por ejemplo. Además, especialmente para la alimentación de invierno, hay marcos de alimentación que puedes llenar con alimento líquido. El fondo de la colmena revista suele tener una rejilla para garantizar un buen intercambio de aire. Puedes deslizar un inserto inferior bajo esta rejilla para conseguir un cierre hermético.

Los marcos

Los marcos suelen estar reforzados con alambre para facilitar a las abejas la construcción de los panales. Esto tiene además la ventaja de que los panales son más establles durante la hilatura y no se rompen tan fácilmente. Los panales se cuelgan en las colmenas almacén. Para ello, la viga superior, la barra superior del marco, es aproximadamente un centímetro más larga por ambos lados. Estas "lengüetas" hacen que sea muy fácil reconocer el uso y el colgado correctos.

Las dimensiones de los marcos difieren considerablemente entre sí y debes saber exactamente qué tamaño de marco necesitas antes de comprar. Esto se aplica sobre todo a la compraventa de colmenas, ya que éstas se compran con marcos.

En la tabla siguiente encontrarás cuatro dimensiones comunes comparadas. La tabla describe la altura normal de los bastidores. Como ya se ha dicho, también hay bastidores de media altura, por ejemplo para la cámara de miel.

Dimensión	Anchura en cm	Altura en cm	Área del panal en cm^2
Medida estándar alemana	37	22,3	700
Medida Zander	42	22	764
Incubadora Dadant	43,5	28,5	1096
Habitación de miel Dadant	43,5	14,5	522

El material del marco suele ser abeto o pino, pero también los hay de madera de haya, más dura. El alambre utilizado es de acero inoxidable que puede soportar el tratamiento con ácido fórmico contra los ácaros de la varroa sin corroerse.

Entre las paredes centrales de los marcos, es decir, el centro de un peine y el centro del peine siguiente, hay idealmente una distancia de 35 milímetros. Esta distancia se denomina distancia entre panales. Entre los panales está el pasillo que las abejas necesitan para caminar sin ser molestadas por ambos panales. Esta distancia se denomina callejón del panal. Si el callejón del panal es demasiado ancho, corres el riesgo de que tus abejas creen un panal extra en la naturaleza. Dado que este panal no está unido a un marco, sino que está en contacto directo con las paredes laterales de los marcos, no puedes eliminarlo sin más, sino que debes cortarlo, como en el caso de una construcción estable.

Para mantener la distancia, ahora puedes fijar tacos de madera u otros espaciadores a los bastidores, de modo que siempre sepas exactamente cuál es la distancia ideal. También puedes utilizar las llamadas piezas laterales Hoffmanns. Estas piezas laterales se utilizan para las lamas laterales de los bastidores y se ensanchan de modo que los bastidores hagan tope directamente entre sí y se dé así la distancia ideal.

La pared central

Ya conoces la pared central. Es una placa de cera predeterminada que estabiliza los panales, facilita la construcción a las abejas y reduce la rotura de panales durante la hilatura. Puedes fabricar tu propia pared central si ya has podido extraer tu propia cera de tu colonia, o puedes comprar las paredes centrales. Se ofrecen varias paredes de diferentes dimensiones, laminadas o fundidas. Algunas de ellas están certificadas como libres de contaminantes.

Para conectar las paredes centrales al alambre de tus estructuras, colócalas planas sobre el alambre y caliéntalo con corriente. De este modo, la cera se fusiona localmente con los alambres.

Si no quieres utilizar paredes intermedias, se trata de una construcción de panal natural. De todos modos, los panales suelen estar alambrados, pero también existe la variante de poner los panales a disposición de las abejas completamente sin alambre. Esto se hace a menudo en la apicultura ecológica. Los cuadros se presentan a las abejas como los llamados cuadros vacíos. También tienes que presentar marcos vacíos a tus abejas para la creación de celdas de zánganos en el nido de cría.

La construcción silvestre de panales suele ser indeseable, ya que luego no puedes recolectar la miel por centrifugación. En ciertas formas de apicultura, como la apicultura de brezo, se prefiere deliberadamente la construcción silvestre.

Sin embargo, si tienes colmenas de revista, es ventajoso evitar la formación de juegos. Para ello, mantén distancias precisas entre los cuadros. En la zona libre por encima del último marco, bajo el techo de la colmena, pueden construirse panales. Para evitarlo, cubre el marco superior con un material impermeable. Puede ser una lámina, una gasa o similar. La ventaja de la gasa es que es permeable al aire y la humedad no se acumula en la colmena. En el caso del papel de aluminio, esta humedad puede provocar moho en caso de duda, lo que debes evitar a toda costa.

El traje de apicultor

Las abejas melíferas actuales son mucho más dóciles que las silvestres y permiten que un apicultor experimentado trabaje sin guantes ni protección facial. Si no tienes experiencia en la manipulación o si tus abejas están actualmente en una brecha en la colmena, es aconsejable trabajar siempre con equipo de protección completo, ya que las abejas defienden sus almacenes con vehemencia, sobre todo cuando escasea el alimento.

El traje de apicultor es ventilado pero hermético. Cubre los brazos y las piernas por completo y está hecho de un tejido áspero y blanco. Lo ideal es que los puños sean elásticos o similares, de modo que puedas variar la anchura para que la prenda quede bien ajustada y no permita que las abejas se metan dentro.

Esconde el pelo bajo un sombrero o gorro con un velo a juego alrededor para protegerte la cara y el sensible cuello de las abejas. Esto también evitará que las abejas se enreden en tu pelo y te piquen de puro pánico.

Te calzas los pies con zapatos de trabajo cerrados de media caña y para las manos hay guantes con puños largos que se ajustan bien.

Ropa para el procesado de la miel

Manipulas alimentos en el momento de retirar los panales para la extracción de la miel. Tu ropa debe estar limpia y completa. Tu pelo debe estar domado bajo un cubrecabezas, por ejemplo una redecilla, y tu ropa de diario debe sustituirse por un mono o un delantal. Trabaja siempre con higiene.

Ahumador

Como para todos los seres vivos, un incendio también es una señal de alarma para las abejas. Se preparan para huir de la colmena si se aproxima el fuego. Por eso, el olor a humo hace que las abejas vuelvan a los panales y llenen la vejiga de miel.

Puedes aprovechar este comportamiento con un fumador para calmar a las colonias inquietas durante un breve periodo de tiempo y poder realizar el trabajo. Antiguamente, el humo se producía con la pipa del apicultor, también llamada pipa Dathe. La pipa Dathe toma su nombre del apicultor Dathe, que la utilizó por primera vez y describió su uso. Hoy en día, se utiliza casi exclusivamente el ahumador, que produce un mayor volumen de humo y es más beneficioso para la salud del apicultor que la pipa.

Asegúrate de comprar un ahumador que queme con un diámetro de diez centímetros. La experiencia demuestra que los ahumadores más pequeños funcionan con menos fiabilidad.

El material para encender tu ahumador es, por ejemplo, virutas de madera, heno, ramas pequeñas con hojas secas, hierbas, virutas de madera secas y material comparable fácilmente combustible. Utiliza papel de periódico o cartones de huevos como leña. Añade astillas o virutas finas de madera para reforzar el fuego y luego amontona el material más grueso.

Después de utilizar el ahumador, es una buena práctica apícola eliminar y apagar las brasas de forma responsable para no provocar un incendio.

Alternativa al fumador: el atomizador

El agua tiene sobre las abejas un efecto similar al del humo. Aunque no se disponen a huir, se vuelven perezosas y permanecen en los panales en lugar de volar agresivamente y atacarte. Cuando utilices pulverizadores de agua, asegúrate de no enfriar a tus abejas, así que utiliza el pulverizador sólo en días muy calurosos. Los panales atraen el agua, por lo que no se recomienda utilizar el pulverizador durante la cosecha de miel.

Panal

Un panalero es una caja rectangular en la que puedes colgar panales extraídos de la colmena para mirar a través de ellos, observar a las abejas o realizar trabajos en la colonia. Una colmena de panal te ofrece la posibilidad de no tener que colocar los panales en el suelo, lo que puede provocar fácilmente la contaminación. Los marcos de panal más comunes son de aluminio, que puedes comprar en función de su tamaño. La caja está abierta por arriba y por un lado largo, tiene un fondo fijo y tres lados fijos. ¡Ten siempre cuidado con los panales que están fuera de la colmena para no perder a la reina por error!

Cincel de palo

Tu herramienta universal como apicultor es el cincel de colmena. Se trata de un cincel plano, normalmente de acero para muelles, con un extremo doblado en ángulo recto y un filo afilado en forma de cuchilla en el otro extremo.

El cincel de colmena es útil para aflojar las adherencias. Tus abejas pegan el propóleo y la cera a toda la estructura. Así que, en caso de duda, retira el propóleo y la cera con el cincel de colmena. Te ayudará especialmente con los marcos o cuadros pegados. Si crecen panales salvajes, puedes cortarlos con el cincel de colmena y recortarlos.

Escoba de abeja

Si quieres retirar panales para extraer miel, debes transportar a las abejas que están en los panales de vuelta a la colmena. No se recomienda sacar a las abejas del panal por una sencilla razón: la miel salpica, se pierde y se pega a tus abejas. Por eso existe la llamada escoba barredora o escoba de abejas. Está hecha de cerdas de plástico blando, que no pueden herir a las abejas, para garantizar un trabajo higiénico. Con el tiempo desarrollarás tu propia técnica para barrer a las abejas de los panales. Ten cuidado de no herir a las abejas, sé suave y deliberado.

Si quieres retirar varios panales, es aconsejable no barrer a las abejas directamente de vuelta a la colmena, pues de lo contrario se posarán en el siguiente panal y serás tú quien las barra varias veces, lo que provocará que las abejas se disgusten y se vuelvan agresivas. En su lugar, puedes barrer las abejas en una cubeta o cubo y, tras retirar todos los panales, volver a verterlos juntos en la colmena con cuidado.

Agua

Uno de los utensilios más importantes para el apicultor es el agua fresca. Trabajas con miel y todos los niños lo saben: la miel es pegajosa. Para que el trabajo sea higiénico, tienes que limpiar regularmente tus utensilios y tus manos y guantes de los residuos pegajosos. Ésta es también la razón por la que las escobas de plástico son especialmente adecuadas para trabajar con abejas.

La colonia de abejas a lo largo del año

Los cambios en la duración de la luz diurna son absolutamente idénticos cada año. Las horas siguen un patrón fijo que nada puede alterar. El tiempo no es tan fiable y depende de muchos factores. El año apícola no empieza todos los años el mismo día ni en la misma semana, sino que es flexible según el tiempo y el comienzo de la primavera. Esto no sólo es diferente cada año, sino que también difiere de una región a otra. En las regiones más meridionales, la primavera empieza antes que en las zonas más septentrionales y altas. No te guíes sólo por el calendario, confía en tus ojos y lee la naturaleza para saber cuándo se activan tus abejas.

Es aconsejable que el apicultor conozca el calendario fenológico. La fenología describe las fases de crecimiento y los fenómenos de desarrollo en la naturaleza que se repiten periódicamente a lo largo del año. Por consiguiente, en el calendario fenológico se definen diez estaciones, que pueden definirse por los respectivos acontecimientos que tienen lugar en la naturaleza. Las llamadas plantas indicadoras fenológicas, cuya época de floración característica se utiliza como orientación para la fenología, son especialmente importantes en este caso.

PRINCIPIOS DE PRIMAVERA

Los primeros días cálidos, a menudo en febrero o marzo, anuncian el comienzo de la primavera. Ahora aumenta la actividad en la colmena y se hacen preparativos en todos los frentes para la nueva temporada de cría. Las abejas preparan las celdas de cría, la reina se pone en marcha.

Los llamados vuelos de limpieza de las abejas se producen en cuanto la temperatura del aire sube a doce grados centígrados. Para mantener limpia la colmena, las abejas no depositan las heces en su interior. En lugar de ello, las recogen en su vejiga de excrementos y aprovechan los primeros días cálidos para deshacerse del lastre.

Las recolectoras también vuelven a estar activas y se dedican a su trabajo: proporcionar alimento a la colonia. Las especies de floración temprana proporcionan néctar y polen a la colonia de abejas. Las especies polinizadas por el viento, como el avellano y el aliso, proporcionan ahora una gran cantidad de polen para satisfacer las necesidades proteínicas de la colonia. Los amentos de floración de las especies autóctonas de sauce, así como las flores de la uña de caballo y el aliso negro, proporcionan abundante néctar.

PRIMAVERA

En cuanto el endrino y el cerezo cornalino florecen, la primavera ha llegado. Uno tras otro, se unen ahora los árboles frutales: cerezo en flor, ciruelo en flor, peral, seguidos de especies de arce.

Cuando por fin florecen los manzanos, los arbustos de lilas y los castaños de indias, estamos en la llamada plena primavera. Ahora, a más tardar, hasta la última abeja de la colmena está trabajando activamente.

Se introduce la cosecha de acumulación y la colonia crece. Para que entre la primera cosecha masiva en pocas semanas, una colonia debe tener entre 30.000 y 35.000 abejas obreras. Durante este tiempo, la reina, su corte y las abejas nodrizas son muy importantes para que las larvas atraviesen rápida y sanamente la metamorfosis. En la colmena, las últimas abejas de invierno se mezclan ahora con la primera generación de abejas de verano.

PRINCIPIOS DE VERANO

Su comienzo está indicado por la floración de las hierbas dulces autóctonas, la acacia negra, el saúco negro y el espino. Ahora es el momento de que el apicultor preste atención. Cuando la primavera ha mostrado un fuerte suministro de miel, los cuadros de que dispone la colonia suelen estar llenos y el espacio en la colmena se estrecha. Ahora depende de ti crear espacio suficiente para tus abejas a fin de evitar la enjambrazón. Pero, ¿cómo puedes evitar eficazmente que tu colonia enjambre? Lo haces extrayendo recursos de forma selectiva: ¡recoges tu primera miel! También puedes formar retoños en este momento con una colonia fuerte y sana. Estos procesos se denominan "ahuecamiento de la colonia" y son necesarios para evitar eficazmente la enjambrazón.

SOLSTICIO DE VERANO

Las plantas indicadoras del comienzo del verano alto son el girasol y la lima de verano. En la actualidad, las abejas que viven en zonas muy cultivadas suelen tener que enfrentarse a un vacío en la colmena, ya que las cosechas masivas en los campos suelen terminar por completo. Las abejas de ciudad rara vez conocen este tipo de vacío en la colmena, pues hay suficientes plantas ornamentales, al menos en los parques y algunos jardines delanteros, en las que pueden servirse.

En pleno verano puede haber cosechas de mielada pura. Sin embargo, esto no se puede predecir ni planificar, ya que tú, como apicultor, no puedes influir en absoluto en el desarrollo de la población de pulgones.

La propia colonia se prepara ahora lentamente para el invierno que se aproxima. La intensidad de la cría disminuye, no hay más crecimiento. En cambio, la colonia almacena la miel, lo que es un buen momento para que tú, como apicultor, lleves a cabo la segunda cosecha de miel. Para ello, retira la cámara de miel. Ahora bien, es importante que no la vuelvas a colocar una vez recogida la miel. Estás reduciendo deliberadamente el tamaño de la colmena.

En pleno verano, es muy raro obtener una miel monovarietal. En cambio, puedes esperar una sorpresa de sabor que puede variar según las flores que hayan utilizado tus abejas para buscar alimento. Esto es diferente en las zonas de brezales, por ejemplo.

Estas zonas también se denominan zonas de recolección tardía. Aquí, la floración tardía de las plantas da lugar a una recolección masiva, que puede producir miel pura. Otros ejemplos, además del brezo, son los abetos de la Selva Negra, cuando están infestados de pulgones. Aquí, puede resultar una cosecha de miel pura. La recolección de miel en estas zonas se pospone hasta más avanzado el año para aprovechar al máximo las fuentes de miel.

FINALES DE VERANO

El final del verano comienza con bastante fiabilidad hacia finales de agosto. Las manzanas y las ciruelas ya están maduras. En la colonia de abejas, toda la atención se centra ahora en el almacenamiento de las reservas de invierno. No se colocan nuevos panales de cría, pero todos los panales libres se utilizan para almacenar miel. Cuanto mayor es la colonia, más almacenes se necesitan, por lo que es una buena señal si tu colonia tiende a reducirse hacia el invierno. En este momento apenas se observan zánganos en la colonia.

El final del verano es el momento perfecto para controlar el ácaro Varroa en tu colonia. Este ácaro se ha extendido por casi toda Europa y apenas se encuentra en ninguna colonia de abejas. La primavera y el verano le han permitido multiplicarse en la colmena y ahora se está convirtiendo en un problema sanitario.

PRINCIPIOS DE OTOÑO

A partir de ahora, las abejas ya no salen a recolectar. Permanecen en su colmena y viven exclusivamente de las reservas que han acumulado hasta el momento. Para consumir lo menos posible, las abejas dejan de criar por completo. Las abejas que viven ahora en la colmena son las llamadas abejas de invierno, que sobreviven hasta la primavera siguiente para asegurar el abastecimiento de la reina.

En algunas regiones donde se cultiva mucho rábano oleaginoso y mostaza blanca, estas plantas pueden florecer en otoño. Si éste es el caso en tu región, puede confundir mucho a tus colonias de abejas. En lugar de venir a descansar y prepararse para el invierno, salen volando y recogen uva.

OTOÑO E INVIERNO

El pleno otoño lo indican las castañas, que ahora caen maduras de los árboles. Los membrillos y las nueces también están listos para la cosecha. Hay una transición suave hacia el final del otoño, que se caracteriza principalmente por la caída del follaje de los árboles de hoja caduca.

Ahora las abejas no vuelan. Como no hay perspectivas de polinización en ninguna parte, los vuelos son una pérdida de tiempo y energía. En los días más cálidos, las abejas vuelan brevemente como mucho para "ir al baño", es decir, para vaciar su vejiga de excrementos. Su tarea principal es mantener caliente a la reina y calentar la colmena. Hasta la primavera siguiente, una colonia consume no menos de 20 kilos de provisiones. Durante este tiempo, la colonia es muy vulnerable y está expuesta al ataque de los depredadores. Los mamíferos pequeños, como las musarañas, pueden entrar en las colmenas, al igual que los pájaros más pequeños. Los pájaros carpinteros pueden hacer agujeros en las colmenas de madera y otros animales también pueden dañar los marcos de madera. Cada agujero, cada grieta significa una pérdida importante de calor, que las obreras ya no podrán compensar. La colonia morirá congelada.

Los ácaros Varroa también son un peligro durante esta época. Debilitan a las abejas chupándoles la hemolinfa. Los animales debilitados son menos capaces de trabajar, necesitan más alimento y son más susceptibles a las enfermedades transmitidas por el ácaro.

Se pone serio: trabajar en tu colonia de abejas

Cuando trabajas cerca de la colonia de abejas, como apicultor sueles situarte directamente delante de la colmena abierta y tienes contacto directo con las abejas. Puede ocurrir que las abejas te vean como un peligro y reaccionen agresivamente. Por eso, además de la ropa protectora adecuada, es especialmente importante un trabajo tranquilo y planificado.

Ten claras de antemano las tareas que hay que realizar para minimizar las molestias a las abejas. Trabaja despacio y con calma, de forma limpia y siempre según un plan estricto. Debes evitar trabajar en varias colonias al mismo tiempo, entre otras cosas porque las abejas podrían reaccionar agresivamente ante ti debido al olor extraño.

El trabajo en la colmena sólo se realiza cuando el tiempo es bueno y seco.

Antes de empezar, asegúrate de que sabes exactamente qué trabajo hay que hacer y de que has dispuesto todos los utensilios necesarios para ello. Aquí también es aconsejable haber creado espacio suficiente. Cuando levantes marcos, no debes colocarlos en el suelo por razones de higiene. Cuando retires un marco, debes tener preparado el soporte del peine.

Así que ya ves: trabajar sin pensar no te llevará a ninguna parte en la colmena y sólo provocará agitación y estrés, que tus abejas notarán y ante los que reaccionarán.

GESTIÓN DEL ESPACIO

Para sobrevivir bien al invierno, las abejas prefieren una colmena con un volumen de unos 40 litros. Pueden calentar bastante bien este pequeño espacio y mantenerlo caliente. Cuando llega la primavera, la colonia empieza a crecer. Ahora tú, como apicultor, debes ponerte activo para evitar la enjambrazón. Das más espacio a tus abejas. La ventaja para ti es que una colonia grande puede producir más miel. Hibernas tu colonia en un solo marco, con un solo marco, suelo y techo. En verano, se añade un segundo marco. El mejor momento para poner el segundo marco es cuando la colonia llena todo el primer marco. Si entonces la colonia llena también el segundo marco, ha alcanzado el tamaño de una colonia comercial. Sólo ahora, con este tamaño de colonia, puedes cosechar miel sin robar a tus abejas demasiado de su sustento.

A medida que se acerca la segunda mitad del año y el final del verano, las abejas empiezan a prepararse para el invierno que se aproxima y reducen el tamaño de la colonia. Septiembre es el momento adecuado para eliminar el segundo marco e invernar tu colonia como un solo marco. Sin embargo, esto puede provocar problemas de espacio en las colonias comerciales grandes. Tiene sentido decidir si pasar el invierno con uno o dos marcos en función del tamaño de tu colonia en septiembre. Un marco es perfectamente adecuado para unas 5.000 abejas. Dos marcos ofrecen espacio y provisiones de invierno para una colonia de 15.000 abejas.

Cuanto más árido sea el paisaje y más frío el invierno, más pequeñas deberán pasar el invierno tus presas.

PROPAGAR LA COLONIA

La propagación planificada de la colonia de abejas mediante la formación de un vástago se realiza para evitar enjambres imprevistos. Hay varias formas diferentes de formar vástagos a partir de la propia colonia. En este libro se te presentarán tres de ellas. Por regla general, si formas los vástagos a principios de año, tendrán más tiempo para crecer y prepararse para la invernada. Sin embargo, si formas los vástagos demasiado pronto, una ola de frío inesperada, como suele ocurrir en mayo, puede ser fatal para la colonia aún débil. No encontrarán suficiente alimento durante este periodo frío y tampoco podrán mantener la colmena a una temperatura constante de más de 30 grados.

Incubadora

La cría se transfiere a una colmena de una sola cáscara. Esta cría se compone de:

• Dos forrajes o panales

- Un peine para polen

- Diferentes números de panales de cría (en principio, el número corresponde al mes en curso más 1 panal)

- Marcos, posiblemente con paredes intermedias para facilitar el trabajo de las abejas

- Una celda reina lista para la eclosión

Los panales de cría se retiran con las abejas residentes, es decir, las abejas que están sentadas en los panales en el momento de la retirada se desplazan con ellos. Es posible coger panales de cría de colonias diferentes, siempre que todas estén absolutamente sanas. También es posible formar una colmena de cría con un solo panal de cría. En este caso, sin embargo, la pequeña colonia requiere cuidados adicionales, y puede ser aconsejable elegir un alojamiento más pequeño para el inicio, a fin de facilitar el calentamiento de las abejas.

No coloques la colmena de cría cerca de la colonia original, pues de lo contrario las abejas harán el viaje de vuelta allí y no se quedarán en la nueva colmena que has formado. Una vez establecida la colonia, puedes devolver la colmena, ahora las abejas pertenecen a la colonia recién formada. Puedes verlo muy fácilmente cuando la reina empiece a poner huevos por sí misma.

Lo ideal es colocar a la reina en la colmena de cría con una celda de reina lista para eclosionar. Una reina en eclosión siempre es aceptada, pero si colocas una reina joven en la colonia, suele ser rechazada. Si las abejas pueden hacerlo, tomarán su propia reina de una celda de reemplazo. También es posible tomar la reina para tu colmena de cría de la antigua colonia. En este caso, sin embargo, no debes mezclar abejas de colonias diferentes. La colonia sin reina criará entonces una nueva reina a partir de celdas de reposición.

Enjambre artificial

Otra posibilidad para formar un vástago es el enjambre artificial. Esto simula la formación de un enjambre y tu colonia se ve obligada a empezar de cero. Esto significa que sólo te llevas las abejas a una colmena nueva y vacía. Ahora hay que empezar de cero la construcción del panal, recoger los primeros almacenes y, por último, poner los primeros huevos.

Este tipo de formación de colmenas también es adecuado para rehabilitar una colmena antihigiénica o muy envejecida. No se apoderan de ningún panal ni almacén. A veces puede ser la última oportunidad de salvar tu colonia del ácaro Varroa. Si hay infestación, puedes llevar a cabo un tratamiento contra el ácaro Varroa en los primeros días tras el traslado.

Para trasladar una colonia de este modo -o para formar una cría-, barre a las abejas de los panales viejos al nuevo alojamiento. Para que las abejas se alimenten durante los primeros días, puede ser necesario ofrecerles panales forrajeros. Para ello son adecuados la masa alimenticia, el pienso líquido o los panales de miel de colmenas limpias. La reina suele añadirse a mano a un enjambre artificial. Para evitar que la reina sea repelida, colócala en una especie de jaula en el nuevo alojamiento. Esta jaula se cierra con un tapón de comida, que se agota al cabo de unos días y se libera a la reina. Durante estos días, la colonia y la reina tienen tiempo de acostumbrarse la una a la otra y de iniciar los primeros contactos a través de la jaula.

Puede ocurrir que las abejas no estén satisfechas con el nuevo hogar que les has dado y quieran volver a salir directamente. Debes evitarlo a toda costa si no quieres perder el enjambre. Para que las abejas se acostumbren a su nuevo hogar, cierra el agujero de vuelo durante uno o dos días. Es bastante fácil explicar por qué un enjambre artificial necesita unos días para acostumbrarse a su nuevo hogar, pero un enjambre formado de forma natural no tiene este problema. Antes de que una colonia forme un enjambre, pasa por varias fases de preparación. Entre otras cosas, se reactivan las glándulas de cera de las obreras, las abejas llenan sus vejigas de miel con provisiones y se prepara a la reina para el vuelo.

El enjambre artificial no dispone de este tiempo de preparación, por lo que necesita unos días para activar a sus abejas constructoras. En cuanto se forman los primeros panales, el enjambre se asienta y desaparece la necesidad de volver a salir. Puede que aún recuerdes el peligro del agujero de vuelo cerrado: la colonia puede sobrecalentarse fácilmente porque no puede producirse la refrigeración. Así que asegúrate de colocar la colmena en un lugar fresco durante este tiempo. Esto ha dado lugar al término "detención en el sótano" como sinónimo de este periodo.

División en Flugling y Fegling

La división de tu colonia en flightling y fegling siempre ocurre en un día de mucho trabajo en la colmena. Aprovechas que casi todos los recolectores están en un vuelo de búsqueda de alimento y retiras la colmena vieja de su lugar.

Exactamente en el mismo lugar, para que los recolectores también puedan encontrar el camino de vuelta, coloca una nueva colmena en la que cuelgues algunas celdas de cría de la antigua colonia, así como dos panales de comida o miel. Asegúrate de utilizar celdas de cría que contengan sobre todo cría tapada que pronto eclosionará. Esta parte de la colonia se llama voladera, ya que ahora está formada temporalmente casi en su totalidad por abejas voladoras. Hay que añadir una reina a la voladera. Puedes hacerlo añadiendo una celda de reina lista para eclosionar o añadiendo una reina en una jaula.

El volantón no puede criar una reina reponiendo celdas. Lo que sí es posible, sin embargo, es añadir la reina vieja a la flightling. Las abejas que permanecen en la colmena vieja forman la volantona. El motivo es que las abejas que sacas con los panales de cría para la flightling son arrastradas de nuevo a la antigua colonia. En la colmena de la fegling, cierra el hueco creado por los panales de cría retirados subiendo los panales de cría. Asegúrate de que haya suficiente comida en la colonia, ya que la fegling casi no contiene abejas voladoras durante un breve periodo de tiempo, lo que podría traer tracht. La fegling puede ocuparse ella misma de una reina creando nuevas celdas. Por supuesto, también puedes dejar a la reina vieja en la colonia o añadir una celda de reina que esté lista para eclosionar.

La creación de una reina sólo es posible si hay cría descubierta o huevos en la cría. La cría tapada ya es demasiado vieja y las obreras no pueden criarla hasta convertirla en reina. Por tanto, no es posible que la mosca forme celdas de reposición, ya que tú misma te has encargado de insertar panales de cría tapados para que la colonia tenga rápidamente crías jóvenes.

AÑADIR LA REINA

Si quieres crear vástagos a partir de tu colonia, en algunos casos es necesario añadir una reina si tu colonia no puede producir una nueva reina por sí misma. Se trata de un proceso bastante difícil, ya que las reinas extranjeras sólo se aceptan a regañadientes. Creando las condiciones adecuadas, puedes aumentar la probabilidad de que la nueva reina sea aceptada.

Asegúrate de que la colonia en la que quieres colocar a la nueva reina no tiene celdas de cría abiertas. Se permite la cría cubierta. Asegúrate también de que no haya celdas de reina en la colonia.

Las reinas jóvenes apareadas tienen más posibilidades de ser aceptadas con éxito que si añades una reina no apareada a la descendencia.

No coloques simplemente a la reina extranjera en su nueva colonia, sino protégela durante los primeros días con la jaula ya mencionada, también conocida como jaula de introducción. Esto da tiempo a las abejas a acostumbrarse al olor de la nueva reina y a establecer el primer contacto con ella. Después de colgar la jaula en la colonia, debes dejarla sola por el momento. Durante este tiempo, obsérvala sólo desde fuera, sin abrir la colmena. ¿Están tranquilas las abejas, su trabajo es regular? Al cabo de unas dos semanas puedes atreverte a mirar dentro de la colmena. Una señal segura de que la colonia ha aceptado a la reina es la presencia de cría fresca.

Criar tus propias reinas sólo se recomienda a los apicultores experimentados, ya que la cría de reinas no es fácil. Sin embargo, puedes preguntar en tu asociación de apicultores dónde puedes comprar reinas sanas. Estas reinas suelen estar codificadas por colores para que puedas anotar exactamente la edad de cada reina.

REUTILIZACIÓN PLANIFICADA

El proceso de reversión se refiere a la sustitución de la abeja reina vieja por una nueva. La colonia de abejas lo hace automáticamente en determinadas situaciones. Sin embargo, también hay situaciones en las que tú, como apicultor, quieres sustituir específicamente a una reina. Puedes hacerlo, por ejemplo, antes de que disminuya el rendimiento de puesta de la reina vieja, para mantener fuerte tu colonia. Otra razón para sustituir a tu reina es una colonia agresiva. El aumento de la agresividad puede ser genético. Añadiendo una reina criada para la mansedumbre, puedes influir en el comportamiento.

Para transferir una colonia según lo previsto, en primer lugar debes eliminar a la antigua reina de la colonia. Las colonias sin reina, sin celda de abeja reina y sin posibilidad de formar nuevas celdas aceptarán más fácilmente una nueva reina que les ofrezcas.

Espera varios días después de retirar a la reina vieja y echa un vistazo al interior de la colmena. Si tu plan declarado es integrar una reina comprada, debes retirar en ese momento las celdas de reina o las celdas de reposición existentes. Si no encuentras ninguna celda reina o de reposición tras estos días de espera, cabe suponer que aún hay una reina en la colonia, que primero debes encontrar. Una vez eliminadas todas las reinas, las celdas reales y las celdas de reposición, puedes colgar a tu nueva reina entre los panales de la jaula de reposición e iniciar el intento de integración.

REHACER LOS PANALES

Según el libro de texto, el nido de cría está siempre en el centro y está rodeado a izquierda y derecha por varios panales que sirven de almacén de miel. No te alarmes si ves una imagen diferente cuando abras tu colmena. Por supuesto, ahora puedes mover el nido de cría y colocarlo en el centro del marco, pero también puedes dejarlo donde está, siguiendo el lema: "Las abejas ya sabrán lo que hacen". Lo que decidas al final depende siempre de tu colonia y de las circunstancias.

Sin embargo, si decides mover el nido de cría, debes hacerlo siempre en conjunto y no intercambiar los panales. De lo contrario, corres el riesgo de romper el nido de cría y confundir innecesariamente a las abejas y perturbar su flujo de trabajo. El proceso de reordenar los panales se denomina corregir el ajuste de las abejas. En determinadas situaciones puede ocurrir que queden panales vacíos entre ellos y, por ejemplo -sucede a menudo en primavera, después del invierno-, un panal vacío separa el nido de cría de un panal que cuelga detrás, que aún contiene muchas provisiones. Las abejas han perdido el contacto con el panal lleno y se mueren de hambre, aunque todavía hay comida disponible. En este caso tiene sentido corregir los panales. La reestructuración también puede tener sentido si quieres colgar panales nuevos, por ejemplo para crear más espacio para el nido de cría o para colgar un panal de zánganos en primavera.

ALIMENTAR A TUS ABEJAS

Las abejas no producen miel para los seres humanos. Sólo producen y almacenan la cantidad que necesitan como colonia para pasar el invierno, alimentar a la cría y sobrevivir. Los humanos no estamos hechos para esto y cada miel que sacas de la colmena, las abejas lo pagan caro con muy poca comida. Por tanto, es imperativo que alimentes a tus abejas para garantizar su supervivencia. Nunca saques toda la miel de la colmena. La miel que está cerca del nido de cría permanece en cualquier caso como suministro rápido para que las abejas salven los periodos de mal tiempo.

Alimentación de invierno

Para la alimentación invernal se utiliza una solución de azúcar líquida, que se ofrece a las abejas dentro de la colmena. Una hora adecuada para la alimentación es a última hora de la tarde/noche. Ahora las abejas se retiran a la colmena para pasar la noche y hay menos peligro de que las colonias vecinas vengan a asaltarla. Ahora coloca un marco vacío en la colmena y pon el alimento líquido en un cubo en los marcos superiores. Coloca paja, corchos o material similar en la solución para que las abejas tengan un lugar donde sentarse en todo momento, de lo contrario se ahogarán mientras se alimentan.

La solución de azúcar propiamente dicha se prepara en una proporción de mezcla de 2 a 3. Dos partes de agua dulce y tres partes de azúcar doméstico comercial. El azúcar necesita un tiempo para disolverse en el agua, ya que no debes calentar la solución, lo que aceleraría el proceso, pero produciría hidroximetilfurfurato (HMF), perjudicial para las abejas. Por tanto, debes preparar la solución la noche anterior y removerla de vez en cuando.

Alimentación de emergencia

Si se produce un vacío de hibernación en verano, una colonia grande puede tener graves problemas para sobrevivir a este vacío. La elevada actividad y el ritmo de crecimiento de la colonia, previamente acumulados, requieren un suministro de alimentos constantemente estable. Si falta polen, las reservas se agotan y las abejas empiezan a morir de hambre. Para evitar la inanición, debes llevar a cabo una alimentación de emergencia.

La pasta de pienso se utiliza para la alimentación de emergencia. Puedes comprar masa de pienso en las tiendas o hacerla tú mismo. Para ello, mezcla cinco kilos de azúcar glas con un kilo de tu propia miel. Si la masa se seca demasiado, añade un chorrito de agua. Ten en cuenta que este año no se puede cosechar más miel después de la alimentación de emergencia si ésta tiene lugar en verano. La alimentación de emergencia en primavera exige de ti un alto nivel de conocimientos para llevar a cabo una cosecha de miel ese mismo año, porque no se te permite cosechar el alimento almacenado.

Una buena opción es colgar panales en la colmena cuando escasea la comida. Por tanto, si aún te quedan panales en reserva, siempre debes utilizarlos primero, ya que entonces podrás recolectar la miel sin problemas.

CONTROLA A TUS ABEJAS

Como apicultor, asumes la responsabilidad de tus abejas. Ahora tienes que comprobar regularmente si tus animales van bien o si hay problemas. En invierno, basta con realizar un control cada 2 ó 3 semanas. Aquí te reduces al control del mantillo. Si esto es típico de la estación, se puede omitir un control detallado de cada panal individual. Esto es especialmente práctico en invierno, ya que corres el riesgo de enfriar poco a tus abejas al arrancar los panales.

En verano, las inspecciones deben ser más regulares y minuciosas, sobre todo para detectar y prevenir la enjambrazón en una fase temprana.

Especialmente en primavera y otoño, debes realizar inspecciones más exhaustivas. Estas inspecciones se denominan inspección de primavera e inspección de otoño.

Anotas cada inspección, del tipo que sea, en tus tarjetas de inventario. Así tendrás una documentación completa y la posibilidad de volver sobre tus acciones más adelante. Las tarjetas de colmena también sirven para mantener sanas las colonias de abejas.

Basura

El fondo de las colmenas de revista tiene la posibilidad de insertar una tabla de fondo de madera u otro material.

Esta tabla se denomina tabla de fondo, pañal de basura, inserto de fondo o deslizador de diagnóstico. La tabla no se deja en la colmena de forma permanente, ya que atrae a parásitos y depredadores. Las abejas también son animales muy limpios que recogen sus desperdicios para mantener limpia la colmena. Así que, para evitar que las abejas limpien la tabla inferior, coloca una rejilla entre la colmena y la tabla inferior para que las abejas no puedan atravesarla volando. Al cabo de unos tres días, retira la tabla de basura y la rejilla para que las abejas puedan reanudar la limpieza del suelo.

Es especialmente adecuada para el diagnóstico y la inspección en periodos fríos, cuando no quieres abrir la colmena. En primavera, en cuanto lleguen los primeros días cálidos, puedes introducir la corredera de diagnóstico. Si encuentras copos de cera incolora en ella, es señal de que las abejas constructoras están activas y cubriendo las celdillas de cría. Tu colonia ha empezado a criar. Si encuentras pequeñas migas de cera marrón con finas fibras adheridas, es señal de que han eclosionado las primeras obreras. Las fibras son los restos del capullo. La mejor forma de identificar y examinar los detritus es con una lupa.

A finales de marzo, puedes evaluar fácilmente la ubicación del nido de cría observando el patrón de basura. Te permite sacar conclusiones sobre el tamaño y la actividad del nido de cría. Si encuentras migas blancas, casi translúcidas, puedes estar seguro de que aún hay comida de invierno. Las migas proceden de la abertura de las cubiertas de cera de los panales de comida.

El tamaño del nido de cría y si las abejas siguen empollando activamente también se pueden ver en otoño observando los excrementos. En esta época y en el transcurso del invierno, los excrementos también te dan información sobre la carga parasitaria de la colonia y sobre si los depredadores están manipulando tu colonia.

Las partes de abejas muertas en la basura proporcionan pruebas de la presencia de intrusos, como la musaraña -un roedor insectívoro- o avispas y avispones. Los avispones utilizan las partes ricas en proteínas de la abeja -el tórax con los músculos de vuelo- para alimentar a sus crías. El estado del ácaro Varroa en la colmena también puede leerse en los excrementos.

La revisión de primavera

Cuando por fin hace sol y calor, es el momento de la inspección primaveral. Saca los panales uno a uno e inspecciona cada uno con mucho cuidado. Recuerda siempre hacer esto sólo si tu colonia no puede morir congelada en el proceso. La temperatura exterior debe ser ligeramente inferior a 20 grados, el día debe ser soleado y sin viento. No te agites durante la inspección primaveral, pero que el trabajo sea lo más breve posible. Todos los utensilios que necesitas -ahumador, escoba barredora, agua para la limpieza, estante para colgar los panales- ¡están definitivamente listos!

Como de todos modos tienes todos los peines en la mano durante la inspección de primavera, toma también en ese momento la muestra de la corona del comedero para el diagnóstico de la loque americana.

La inspección de primavera coincide con el cambio de generaciones en la colonia de abejas. Las abejas de invierno mueren, las primeras abejas de verano ya están incubando. Presta atención aquí a la cantidad y calidad de las celdillas de cría. ¿Hay suficientes alfileres, cría abierta y tapada?

Inspecciona los daños causados por intrusos durante el invierno. Elimina los restos de alimentación en los panales o las telarañas y larvas de la polilla de la cera, los panales enmohecidos y similares. Rellena los huecos con panales vacíos o panales centrales. Retira también los panales de comida que hayas colocado en otoño, aunque aún contengan restos de comida sin utilizar. De lo contrario, la comida almacenada en ellos puede transferirse a la cámara de miel y distorsionar tu cosecha de miel.

Si tu colonia no ha sobrevivido al invierno, debes examinar a fondo el desastre. Haz una necropsia e intenta averiguar las causas. ¿Murió la colonia de frío o de hambre? ¿Hubo intrusos? La causa suele estar en pequeños o grandes errores durante la invernada, que ahora hay que investigar para evitarlos el año que viene.

Controles de enjambre

Los controles de enjambrazón deben realizarse semanalmente desde finales de abril hasta principios de julio. Si la colonia goza de buena salud económica, puedes suponer que es lo bastante fuerte como para prepararse para la enjambrazón.

Puedes reconocer las señales de advertencia de que tu colonia está pensando en enjambrar inspeccionando minuciosamente los panales. Los apicultores experimentados utilizan el llamado método de volteo para comprobar si hay enjambrazón, pero como principiante aún no puedes hacerlo fácilmente. La inspección es más precisa y minuciosa.

Lo que puedes ver en la inspección cuando tu colonia se está preparando para enjambrar son copas de juego y celdas de enjambre (celdas de reina). Las copas de juego son celdas sin enjambrar que las obreras crean pero aún no utilizan. Una celda reina se convierte en celda reina en cuanto la reina ha puesto un huevo en ella.

Si encuentras copas de juego y celdas reales abiertas durante la inspección, debes aplastarlas siempre. Una celda reina cerrada es una señal de alarma. No las destruyas. Tras el apareamiento, la nueva reina sólo tarda seis días en eclosionar. Si encuentras celdas reales tapadas, lo normal es que la antigua reina ya se haya marchado con un enjambre. Te has perdido el enjambre. Esto no es el fin del mundo, pero sin duda debes dejar la celda reina en su sitio en este momento, ya que tu colonia necesita una nueva reina.

Una señal de que tu colonia aún tiene reina son los alfileres recién puestos en el nido de cría. Unos tres días antes de la enjambrazón, la reina vieja deja de poner huevos. Por tanto, si no encuentras ninguna de estas plumas frescas, es probable que tu reina ya se haya marchado. Ahora sólo te queda comprobar los árboles circundantes. Quizá aún puedas encontrar y capturar tu enjambre.

Revisión exhaustiva en otoño

Los últimos días cálidos del otoño son tu última oportunidad de programar una revisión a fondo para encontrar y solucionar los últimos problemas antes del almacenamiento invernal. Las cuestiones que sin duda debes aclarar con la inspección de otoño son:

• El tamaño de la colonia: ¿Es suficiente el espacio? ¿Necesitas reducir el tamaño del espacio?

• La salud del pueblo: ¿Encuentras signos de enfermedad?

• Reservas de alimentos: ¿Son suficientes las reservas que la población ha acumulado por sí misma, o tienes que alimentarla?

• Ácaro Varroa: ¿Cuál es la gravedad de la infestación?

• Medidas de invernaje: ¿Está invernada la colonia?

Las necesidades de espacio de la colonia deben ser tan reducidas en invierno que la colonia pueda mantener la colmena a temperatura de funcionamiento con poco esfuerzo. Si las abejas tienen que esforzarse mucho para ello, el consumo de los almacenes aumenta demasiado. Por tanto, reduce la cámara de cría y calcula la fuerza de tu colonia basándote en la cría aún activa en cuanto la reina deje de poner huevos para el invierno.

La salud de las abejas puede determinarse, por un lado, por los propios animales y, por otro, por su estado nutricional. Si encuentras abejas muertas en la colonia o suciedad, siempre es una señal de alarma. Como ya has aprendido, las abejas son animales muy limpios que no toleran la contaminación en la colmena. En este caso, investiga la causa, pide consejo a tu apicultor mentor y a un veterinario especializado en abejas.

En agosto realizaste la alimentación de invierno para dar a tus abejas la oportunidad de almacenar fácilmente reservas. Ahora aprovecha la inspección de otoño para comprobar las reservas que realmente tienes. Éstas dependen de las condiciones. Puede ser que las abejas hayan consumido mucho debido a huecos en la colmena, días lluviosos o similares. Por otra parte, un final de verano y un principio de otoño favorables a las abejas pueden haber traído más colmenas, de modo que ahora hay grandes reservas de forraje.

Una colonia comercial que quiera invernar con dos colmenas necesita de 18 a 22 kilos de provisiones. En el caso de una colmena de un solo panal, de 12 a 15 kilos de provisiones son suficientes para el invierno. Un panal lleno según la medida normal alemana corresponde a dos kilos. Con la medida Zander, corresponde a unos 2,5 kilogramos.

Las operaciones de vuelo de las abejas cesarán por completo entre octubre y noviembre, dependiendo del tiempo. Para entonces deberías haber repuesto el alimento. Si es necesario volver a ofrecer alimento, ¡deberías hacerlo antes de esta época! En un capítulo posterior encontrarás información más detallada sobre el ácaro Varroa. Aquí hay que decir brevemente que la inspección de otoño es la última posibilidad de evaluar la infestación por el ácaro. Para ello puedes utilizar la inspección de la cría. Los ácaros Varroa infestan la cría y -si no hay cría- las obreras adultas. Trata con ácido oxálico en otoño, cuando la colonia ya no tenga cría.

Ahora hay que comprobar e instalar las medidas de protección alrededor del invierno. El agujero de entrada es la única vía de acceso a la colmena. En otoño y, en última instancia, en invierno, está desprotegido, ya que las abejas se han retirado a la agrupación invernal, y los depredadores pueden entrar y salir fácilmente. Ya en el momento de la alimentación invernal puedes reducir el tamaño del agujero de vuelo utilizando cuñas para agujeros de vuelo y frenar así la depredación entre las colonias.

Contra las musarañas y los pájaros más pequeños puedes colocar adicionalmente una rejilla para ratones o una red. Puedes extender redes sobre las presas para mantener a los pájaros carpinteros y a los cuervos alejados de ellas y, sobre todo, de su morada, de modo que no puedan hacer agujeros en la cubierta exterior. Protege tu colmena de las tormentas de otoño e invierno para que no pueda ser derribada y destruida.

Controles de invierno

Las comprobaciones durante la estación fría sólo se realizan desde el exterior. Aquí compruebas regularmente si las medidas de protección siguen intactas. ¿Se ha desplazado la rejilla para ratones y sigue bien amarrada la red? También se inspecciona la colmena propiamente dicha para ver si los cuadros se han desplazado por tormentas u otros impactos y si siguen bien asentados unos encima de otros. Los posibles daños causados por animales salvajes deben repararse inmediatamente. Dependiendo de la región, los mapaches también pueden atacar a las presas y, en casos no infrecuentes, éstas se vuelcan y se rompen.

Por lo general, las colmenas rotas ya no pueden salvarse, pues las colonias se enfrían bruscamente y mueren rápidamente. Puedes intentar salvar una colmena recién rota aislándola inmediatamente. Cierra todos los agujeros para evitar las corrientes de aire y la penetración de aire frío.

DOCUMENTACIÓN DE TU TRABAJO

Parte del desarrollo de una buena práctica apícola consiste en aprender de tus propios errores y no repetirlos. Al fin y al cabo, sólo quieres lo mejor para tus animales. La mejor forma de reconocer los errores es tener una documentación que funcione. Especialmente si te ocupas de varias colonias, el mapa de la colmena, que se guarda individualmente para cada colmena, te facilita la lectura y el recuerdo de determinadas condiciones, acontecimientos y trabajos realizados.

Mapa del bastón

Todo lo que ocurre en torno a tu colonia se introduce aquí. Datos y hechos sobre la reina, los tratamientos contra los ácaros, los resultados de la suciedad y de la inspección de primavera y otoño, etc. Todo lo que te parezca importante y todo lo que no te parezca importante se anota en la ficha de la colmena.

Libro de la miel

En el libro de la miel anotas todo lo relativo a tu propia miel, de modo que para cada tarro sea comprensible cuándo se recolectó, cuándo se extrajo, se envasó y se almacenó. Los números de lote, que como vendedor de miel estás obligado a asignar, también se anotan en el libro de la miel.

Libro de existencias

El uso de medicamentos sólo de farmacia debe documentarse de acuerdo con la Ordenanza de Verificación de Medicamentos para Criadores de Animales. Entre estos medicamentos sólo de farmacia se incluyen también los ácidos utilizados para combatir el ácaro Varroa. Para llevar un registro de todos los tratamientos veterinarios y curativos que administras a tus abejas, conviene anotar también los tratamientos y aplicaciones no farmacéuticos en el libro de existencias.

El panal y la cera

En la naturaleza, las abejas cambian regularmente de alojamiento, abandonan los panales viejos y empiezan a construir panales nuevos desde cero. Entre otras cosas, esto tiene aspectos higiénicos, porque los patógenos y los parásitos se acumulan en la cera de los panales usados.

La cera, que procede fresca de las glándulas cereras de las abejas obreras, es incolora y blanquecina translúcida. Adquiere su típico color amarillento por el contacto con el polen, el néctar y las propias abejas. El polen, en particular, es un verdadero colorante y hace que la cera pierda rápidamente su color blanco puro. Sin embargo, esto no supone ningún problema, ya que sólo se trata del almacenamiento de colorantes liposolubles.

La contaminación se produce en los panales de cría debido a las legañas de las larvas y, por supuesto, a los restos de las pupas. Las abejas limpiadoras se esfuerzan por limpiarlos y desinfectarlos con su saliva y el uso de propóleos. El propóleo tiene un color marrón oscuro, que se transfiere gradualmente a las celdillas de cría, que adquieren entonces un color marrón oscuro intenso. Las abejas limpiadoras no consiguen limpiar de nuevo el panal al 100 %, quedan restos de cada cría en el panal. Esta materia orgánica es un buen caldo de cultivo para bacterias, gérmenes y parásitos. La polilla de la cera, por ejemplo, es uno de estos parásitos. La pequeña polilla de la cera vive en las celdillas de cría y perfora túneles a través de la cera de celdilla de cría a celdilla de cría, donde se alimenta de los restos y desechos.

Las bacterias que se encuentran en los restos orgánicos a veces son infecciosas durante varios años y provocan la reinfección constante de las abejas recién nacidas. Ésta es también una de las razones por las que nunca debes intercambiar panales entre colonias.

IDENTIFICA Y SUSTITUYE LOS PEINES VIEJOS

Tu trabajo como apicultor concienzudo es sustituir y renovar los panales con regularidad. Para hacerlo sin perder cría, puedes aprovechar el comportamiento de tus abejas.

Las reservas de miel de larga duración siempre se almacenan lejos del agujero de las moscas, es decir, en una zona situada en el marco superior de las colonias de dos barriles. El nido de cría está en el centro. En otoño, cuando la colonia reduce su tamaño, suele trasladarse al marco superior, para que los panales del marco inferior se vacíen lentamente y puedas sacarlos tú.

Los panales de la última cosecha de miel se llaman panales vacíos después de la hilatura. Puedes reutilizarlos como nuevos panales para el nido de cría. Por otra parte, los antiguos panales de cría no son en modo alguno adecuados para la extracción de miel y deben desecharse.

Para evitar que se mezclen la cámara de miel y la de cría, puedes colocar una rejilla por la que no pueda pasar la reina. De este modo, no podrá poner huevos en la cámara de miel y los panales de ésta sólo se utilizarán para almacenar miel madura.

Si tu colonia se reduce de tamaño, retira esta rejilla y el nido de cría podrá trasladarse a la antigua cámara de miel, los panales de cría anteriores quedarán libres y listos para su eliminación. Al rotar la cámara de cría de este modo, las abejas te proporcionan un ciclo sensato para la renovación de los panales. En última instancia, es más higiénico sustituir los panales antes que después para contener las enfermedades y la infestación de parásitos.

CERA

Ordena unos 10 panales al año en cada una de tus colonias. No reutilices la cera oscura de los panales de cría para moldear las paredes centrales. De este modo, sólo volverías a introducir en la colmena las bacterias que contiene de otra forma.

Hay empresas y tiendas de suministros apícolas que aceptan cera vieja y la cambian por paredes intermedias. Si quieres aceptar una oferta de este tipo, infórmate antes de las condiciones exactas. En la mayoría de los casos, estas empresas sólo aceptan la cera vieja después de haberla retirado de los cuadros, es decir, debes retirarla también de los alambres. Sólo merece la pena cambiar tu cera usada por paredes intermedias si éstas se producen sin residuos, de lo contrario corres el riesgo de adquirir enfermedades. Un certificado correspondiente demuestra sin lugar a dudas la ausencia de residuos.

Fundir cera tú mismo

Si te gusta convertir la cera en velas, por ejemplo, merece la pena comprar un fundidor de cera solar. Los hay de distintos tamaños y con espacio para 2 ó 3 peines.

En tu fundidor de cera solar, puedes fundir cera que hayas cortado de una construcción natural fresca. La cera que tus abejas crean en el nido natural está aún muy limpia al principio. Si la coges antes de que contenga huevos y larvas, puedes fundirla y utilizarla para colar o prensar paredes centrales. El equipo que necesitas para ello no suele merecer la pena para un principiante. Tal vez tu apicultor patrocinador tenga el equipo o puedes preguntar en la asociación de apicultores.

La cera de los panales de cría viejos no es adecuada para reutilizarla en la colonia, pero puedes usarla para hacer velas.

En días soleados, se tarda entre 1 y 2 horas en derretir la cera del edificio natural. Los panales de cría necesitan un poco más de tiempo. Llena previamente el recipiente colector del fundidor con un poco de agua para que puedas recoger mejor la cera. Una vez fundidos los panales viejos, es posible que encuentres restos de capullos y excrementos de larvas. También pueden aparecer larvas de la polilla de la cera.

Aclarar la cera

Recoge la cera cruda obtenida del fundidor por separado para la cera vieja y la fresca. Cuando hayas recogido una cierta cantidad, puedes calentar la cera con la misma cantidad de agua en una olla grande recubierta. La olla debe estar recubierta porque la cera se vuelve gris cuando entra en contacto con el hierro. Además, utiliza una olla vieja, ya que después no podrás utilizarla para cocinar. Calienta la mezcla de cera y agua a unos 85 grados para que la mezcla no empiece a hervir y produzca salpicaduras de cera caliente. Remueve lentamente varias veces para desprender los restos de suciedad de la cera. Debido al enfriamiento muy lento que se produce ahora, se forma una zona de suciedad en el límite entre el agua y la cera, que podrás eliminar más tarde con el cincel de palo.

Hacer cera para velas

Ahora puedes utilizar esta cera simplemente clarificada para transformarla en cera para velas. Vuelve a calentarla hasta que esté líquida. Para evitar que la cera se queme, quédate con ella durante todo el proceso y es mejor no calentar la cera directamente en una olla, sino al baño María. En el siguiente paso, cuela la cera a través de un filtro de fibra fina que recoja las partículas en suspensión y los restos más pequeños de excrementos, capullos y cáscaras de quitina.

Ahora la cera todavía tiene un color bastante oscuro, que puedes aclarar por diversos medios. Puedes fundir placas de cera finas y colgarlas al sol durante varios días.

De este modo, las placas adquirirán un color mucho más claro. Otra forma es aclararlas con ácidos o álcalis. Como apicultor, ya tienes ácido fórmico o ácido oxálico en casa, pues necesitas estos agentes para luchar contra el ácaro Varroa. Pero también puedes trabajar con ácido cítrico, que se utiliza en la mayoría de los hogares como desincrustante natural.

Lleva siempre guantes, gafas de seguridad y ropa protectora adecuada cuando trabajes con ácidos. De lo contrario, al calentarse, pueden producirse salpicaduras que pueden herir gravemente tus ojos.

Para aligerar la cera, ponla de nuevo en un cazo junto con agua. Para unos cinco kilos de cera, necesitas un litro de agua y, en el caso del ácido cítrico, dos gramos de ácido cítrico. Calienta la mezcla a 85 grados y remueve constantemente. También es adecuado un agitador mecánico, ya que el agua y la cera deben entrar en estrecho contacto. Enfunda los agitadores metálicos o utiliza varillas agitadoras de madera.

Para comprobar si tu cera ya ha tomado el color deseado, sumerge un palillo de madera en ella y deja que se endurezca una fina capa de cera sobre él. Así podrás juzgar el color de forma óptima. Cuando enfríes la mezcla terminada, asegúrate de nuevo de que se enfría muy lentamente para que el agua y la cera puedan separarse correctamente. En caso de duda, puedes envolver la olla con una manta como aislante para volver a ralentizar el enfriamiento.

Aspectos básicos de la higiene

La miel es un alimento natural que se come crudo. Por tanto, las bacterias, las impurezas o los contaminantes son ingeridos por las personas. Esto plantea al apicultor el reto de trabajar de forma absolutamente higiénica desde el principio hasta el final de la cadena de producción de la miel.

Si quieres vender tu miel, debes informarte previamente sobre la normativa legal en materia de higiene alimentaria. Pregunta al respecto a tu apicultor patrocinador y a tu asociación de apicultores. La normativa legal evoluciona muy rápidamente y cambia de vez en cuando, por lo que no tiene sentido escribirla aquí.

La mayor parte de la contaminación no la causan las abejas, sino el propio apicultor, que introduce suciedad y gérmenes a través del trabajo sucio en la colmena o al hilar y procesar la miel. La propia sala de extracción también debe cumplir ciertas normas de higiene. Por último, pero no por ello menos importante, deben respetarse los periodos de espera y las instrucciones relativas a la lucha contra el ácaro Varroa.

Asegúrate de que tu ropa de trabajo esté siempre limpia y de que lleves ropa de trabajo distinta en la colonia que cuando proceses la miel. Piensa en guantes desechables, limpios y aptos para alimentos, y en una rede-cilla para el pelo. Asegúrate de cambiarte de ropa protectora cada vez que salgas de la habitación.

Recuerda que nunca debes poner los panales y los marcos en el suelo cuando trabajes en la colonia, y ten siempre agua limpia a mano para limpiar a fondo tus herramientas y tus manos entre medias.

LIMPIAR Y GUARDAR TU EQUIPO

La miel es una sustancia especialmente pegajosa y tenaz. Asegúrate de limpiar todos tus utensilios con agua sin dejar residuos. ¡Los restos de miel a medio quitar son verdaderos paraísos para los gérmenes! El lavavajillas hace un trabajo excelente en este caso. Ponlo a 60 o 65 grados para limpiar y desinfectar los tarros de miel y las tapas.

También debes mantener limpios la colmena y los marcos. Cuando hayas eliminado todos los restos de cera de un marco, retira los alambres y deshazte también de ellos. Introduce el marco en una solución de hidróxido de sodio al 2% para una desinfección completa.

TU PROPIO ESPACIO DE TRABAJO

Si sólo produces miel para consumo propio, puedes utilizar tu propia cocina para procesarla. Como apicultor aficionado, es una buena idea. Si quieres tener tu propio local para extraer la miel, debe cumplir ciertos requisitos

que están claramente definidos en los textos legales perti-
nentes. Entre ellos están las siguientes condiciones:

- Estado limpio y ordenado

- Seco, sin formación de humedad acumulada

- Intacta: no se admiten telarañas, grietas, yeso desmoro-
nado, manchas de humedad

- Las sustancias peligrosas para la salud deben almacenarse en el exterior, por ejemplo, los productos de
limpieza

- Libre de plantas y animales, mosquiteras en las ventanas
abiertas

Cuando montes tu propia sala, presta atención a la normativa vigente en tu región. Para no hacer nada mal ni
olvidar cosas esenciales, debes pedir consejo a tu mentor
apicultor u obtener consejos de tu asociación de apicultores.

Consideración médica

Como ocurre con los humanos u otros animales, prevenir el desarrollo de una enfermedad es mejor que tratarla. Así que asegúrate de mantener a tus abejas lo más sanas y fuertes posible para minimizar la necesidad de tratamientos. Mantén a tu colonia fuerte y sana proporcionándoles unas condiciones óptimas, por ejemplo, mediante una ubicación bien elegida. Revisa regularmente tus colonias para detectar enfermedades. Cuanto antes detectes una desviación, más prometedor será el tratamiento médico.

No subestimes lo fácil y rápidamente que tú, como apicultor, puedes transmitir una enfermedad de una colonia a otra. Por tanto, presta especial atención a la higiene. Esto incluye un traje de apicultor limpio, equipo limpio, agua fresca y un trabajo higiénico en sí mismo, no permitiendo que ningún marco o cuadro entre en contacto directo con el suelo. Sustituye pronto los panales viejos para mantener un alto nivel de higiene en la colmena.

Para limitar al máximo la propagación de enfermedades, no debes intercambiar cuadros, marcos ni panales entre colonias individuales. Tampoco es aconsejable unir colonias sin asegurarse antes, más allá de toda duda, de que ambas están absolutamente sanas. Las colonias recién compradas también deben tener un estado de salud incuestionable y pasar cierto tiempo en cuarentena. Asegúrate también de que cada colonia dispone de espacio suficiente. Cuanto más densamente coloques tus colonias, más fácil será que las enfermedades se transfieran de una colmena a otra.

ÁCARO VARROA - VARROA DESTRUCTOR

El parásito más extendido de las abejas es el ácaro Varroa (Varroa destructor), que se ha propagado rápidamente en los últimos veinte años. Hoy en día apenas existe una colonia que no esté infestada por el ácaro Varroa. Por tanto, el objetivo del tratamiento es contener la infestación hasta tal punto que no afecte a las abejas y no suponga una amenaza para la supervivencia de la colonia de abejas.

Concepto de tratamiento integrado en tres partes
El concepto de tratamiento integrado ha sido desarrollado y probado por institutos apícolas y proporciona una terapia bien eficaz. Se desarrolló para el tratamiento de colonias comerciales, por lo que se tuvo cuidado de no afectar a la calidad de la miel. La miel debe estar absolutamente libre de residuos. Sólo se utilizan ácidos orgánicos, que no dañan a la abeja ni a la miel, no se acumulan en el organismo, sino que se degradan completamente. Esto se consigue utilizando sustancias que se producen de forma natural en la abeja. El uso de los ácidos después de la

cosecha de la miel garantiza la libertad de la miel.

Como todavía no se recoge la miel de las colmenas, aquí sólo puedes determinar el momento del tratamiento en función de la situación de la infestación. Aquí se suele utilizar ácido fórmico o ácido láctico. En caso de duda, pide consejo a tu apicultor asesor, pues el tratamiento del ácaro Varroa debe adaptarse siempre individualmente a la colonia respectiva.

Para saber si tu tratamiento ha funcionado, realiza siempre un control de éxito. La forma más fácil de hacerlo es buscar en la basura. Para ello, determina la tasa de mortalidad natural de los ácaros por día antes del tratamiento. A continuación, trata y determina la mortalidad de los ácaros durante el tratamiento con el ingrediente activo. Algún tiempo después del tratamiento, determina de nuevo la mortalidad natural de ácaros por día. Lo ideal es que en este momento no encuentres ni un solo ácaro. Tu colonia está -hasta la reinfección- libre de ácaros.

El primer paso del concepto consiste en cortar la cría de zánganos en primavera. La segunda parte consiste en tratar la cría con ácido fórmico en pleno verano y otoño. La tercera parte es el tratamiento de las obreras en invierno con ácido oxálico.

1. cortar la cría de zánganos

Los zánganos necesitan 13 días para su metamorfosis, lo que supone una media de dos días más que una abeja obrera. El ácaro Varroa conoce esta diferencia y prefiere atacar los panales de zánganos porque en ellos pueden desarrollarse más ácaros. Puedes aprovecharte de este hecho. Cuelga cuadros de zánganos en tu colmena. Un marco para zánganos es un marco sin alambres en el que las abejas crean celdas para zánganos en libertad. Las paredes centrales que suele haber en los marcos son utilizadas por las obreras para crear panales más pequeños para obreras. Los panales de zánganos sólo son posibles en los marcos sin pared central.

En las colonias pequeñas, cuelga los marcos para zánganos en un lado, junto al nido de cría; un marco es suficiente. En las colonias comerciales, cuelga un marco para zánganos cada uno a izquierda y derecha del nido de cría, entre los almacenes de miel y el nido de cría.

Los marcos para zánganos suelen tener una barra de madera en el centro que divide el marco horizontalmente en una sección superior y otra inferior. Esto te permite cortar la cría en porciones. Así siempre cortas la cría ya tapada antes de que eclosione del panal. La cría sin cubrir permanece en la colmena para que las hembras de los ácaros puedan poner allí sus huevos. Antes de que los ácaros eclosionen al mismo tiempo que los zánganos listos de los panales tapados, éstos se retiran y se congelan durante 24 horas para matar a los ácaros de forma segura. Las cantidades más pequeñas de estos residuos pueden eliminarse con la basura doméstica.

2. tratamiento de la cría con ácido fórmico

Las abejas y los ácaros tienen un metabolismo diferente, por lo que la aplicación de una solución de ácido fórmico al 60% es totalmente inocua para las abejas, pero tiene un efecto letal sobre los ácaros Varroa.

Se trata del evaporador Nassenheider. Hay varios modelos disponibles, de los cuales el modelo "Profesional" es el más fácil de usar para principiantes y el más fiable. La aplicación mediante el evaporador garantiza la concentración adecuada de ácido fórmico para que no dañes accidentalmente a tus abejas.

El momento adecuado para la aplicación es inmediatamente después de la segunda cosecha de miel, es decir, la última cosecha de miel del año, en una colonia comercial. La aplicación se repite entonces en septiembre. Esta segunda aplicación debe realizarse lo más cerca posible del letargo invernal, pero siempre cuando la temperatura exterior siga siendo superior a 12 grados Celsius.

El evaporador Nassenheider puede colgarse directamente en el nido de cría, en un marco vacío. Sin embargo, normalmente se coloca un marco vacío y el evaporador encima del marco. Asegúrate de separar el espacio vacío con una rejilla o red para que las abejas no tengan la tentación de desbocarse allí.

Llena el evaporador con 200 mililitros de ácido fórmico al 60% e introduce una mecha. Coloca ahora un trozo de papel de aluminio y un vellón en el marco superior. Coloca el evaporador sobre este vellón. La mecha debe estar en contacto con el vellón para que éste se humedezca lentamente con ácido fórmico. Se evaporan aproximadamente 20 ml de ácido al día. La duración de la aplicación es de al menos 10 días. Comprueba el evaporador al cabo de 5 ó 6 días y rellena con ácido fórmico si es necesario. Si se evaporan más de 30 ml al día, sustituye la mecha por otra más pequeña para reducir la cantidad.

3. tratamiento de los trabajadores con ácido oxálico

En invierno, la evaporación del ácido fórmico no es posible, pero tampoco lo es sacar los panales para pulverizar ácido láctico debido a las temperaturas exteriores. Sin embargo, como en un invierno suave el tiempo entre el último tratamiento con ácido fórmico y la primavera ofrece condiciones perfectas para los ácaros, ya que las abejas siguen teniendo cría en la colonia, es necesario volver a bajar la presión de infección en invierno y tratar tu colonia con ácido oxálico.

Esto sólo puede hacerse cuando la colonia ya no tenga cría. Para el tratamiento, mezcla poco antes una solución azucarada de ácido oxálico. Utiliza ácido oxálico dihidratado al 3,5% y añade azúcar poco antes de la aplicación. Es muy importante añadir el azúcar poco antes, porque en una solución acabada se forma HMF (hidroximetilfurfural) cuando se almacena durante mucho tiempo, lo que es perjudicial para las abejas.

Ahora gotea la solución terminada sobre las abejas que están adheridas a los panales en la zona superior del callejón de panales. De este modo no tendrás que arrancar los panales y tus abejas no correrán riesgo de hipotermia. Mediante su comportamiento de limpieza, las abejas se limpian unas a otras del líquido pegajoso, con lo que el ácido oxálico se distribuye por toda la colonia y puede actuar contra el ácaro Varroa.

Trata los retoños con ácido láctico

Puedes tratar las colonias más pequeñas contra el ácaro Varroa con ácido láctico. El ácido láctico sólo puede ser plenamente eficaz en colonias sin cría activa, porque la acidificación con ácido láctico sólo actúa sobre las abejas adultas, no sobre las larvas.

Se aplica una solución de ácido láctico al 15% en agua. Ahora saca cada panal de la colmena individualmente, pulveriza por ambos lados hasta que todas las abejas residentes estén completamente mojadas, y vuelve a introducirlos en la colmena. Repite el tratamiento varias veces al cabo de unos días.

Como las colonias de granja se utilizan para la producción de miel, sólo puedes tratarlas con ácido láctico después de la última recolección de miel. Como todavía hay cría activa en la colonia, esto reduce la eficacia del tratamiento. En invierno, cuando no hay cría, la temperatura exterior es definitivamente demasiado fría. Como no se recoge miel de las colmenas, puedes repetir el tratamiento varias veces para reducir la presión de los ácaros. No es posible estar libre de ácaros, ya que la colonia también tiene cría activa.

Puedes tratar los enjambres o enjambres artificiales con ácido láctico antes de que empiecen a criar. Aquí todavía no hay cría activa, por lo que el tratamiento es suficientemente eficaz. Sin embargo, debes elegir el momento adecuado. Si abres la colmena antes de que el enjambre haya formado panales, volverá a salir. Si tratas demasiado tarde, los panales ya habrán empollado y habrán eclosionado las primeras larvas.

LOQUE AMERICANA

La AFB es una enfermedad apícola de declaración obligatoria. Esto significa que si detectas una infestación en tu propia colonia, debes comunicarlo a la oficina veterinaria responsable.

La BFA es provocada por las esporas de la bacteria Paenibacillus larvae. Las esporas infectan a las larvas de las abejas y se multiplican en su tubo digestivo, de modo que la larva acaba muriendo. Las abejas adultas no son susceptibles a la enfermedad. Sin embargo, no deben subestimarla, ya que una colonia puede morir si demasiadas larvas son víctimas de la AFB.

Para el control y la detección de la loque americana, ponte en contacto con tu apicultor mentor o con un veterinario especializado en abejas. Tu persona de contacto discutirá contigo el procedimiento exacto y elaborará un plan de control adaptado individualmente a tus colonias.

La miel

Miel: quizá sea por eso por lo que lo haces todo. Adquirir abejas, equipo de apicultura, aprender el oficio de apicultor... ¡todo por la miel! Para no salirnos del ámbito de este libro, la producción de miel sólo se aborda en la medida en que puedes esperar miel como principiante y consumidor personal. Si quieres vender miel comercialmente, debes ponerte en contacto con tu apicultor patrocinador y con la asociación de apicultores para obtener un certificado de aptitud adecuado, ya que entonces entras en el ámbito de aplicación del Código Alimentario.

MIEL - ¿QUÉ ES EXACTAMENTE?

La Ordenanza de la Miel define la miel del siguiente modo:

"La miel es la sustancia naturalmente dulce producida por las abejas melíferas al ingerir néctar de plantas o secreciones de partes vivas de plantas o excreciones de insectos chupadores de plantas que se encuentran en partes vivas de plantas, transformarlas combinándolas con sus propias sustancias específicas, almacenarlas, deshidratarlas y dejar que se almacenen y maduren en los panales de la colmena." Cita extraída de la Ordenanza sobre la miel (HonigV), Anexo 1, Sección I.

Por tanto, la miel siempre es recolectada por la abeja melífera. El proceso de maduración de la miel comienza ya en la vejiga melífera mediante la adición de enzimas. En la colmena, la miel inmadura se almacena y se trasvasa más a menudo, quitándole agua cada vez. Esto espesa y preserva la miel hasta que finalmente está lista para ser recolectada por el apicultor.

Ingredientes de la miel

Entre el 80 y el 85 % de la miel está compuesta de azúcar. Casi todas las moléculas de azúcar están presentes como azúcares simples (monosacáridos). La mayor parte del resto es agua. Otros ingredientes sólo representan entre el 2 y el 3 %.

El contenido de azúcar también se denomina espectro de azúcar y varía según la vid. Del néctar se obtienen tres azúcares diferentes: azúcar de caña (sacarosa), azúcar de fruta (fructosa) y azúcar de uva (glucosa). El azúcar de caña se descompone en fructosa y glucosa desde el principio por las enzimas añadidas en la vejiga de la miel. La proporción de fructosa y glucosa entre sí caracteriza la miel y, según cómo resulte la proporción, pueden determinarse mieles de flores específicas. La consistencia de la miel también depende de esta proporción.

La miel de mielada puede contener hasta veinte tipos distintos de azúcar. Además de fructosa y glucosa, puede contener varios azúcares de dos y tres tipos, como maltosa, rafinosa, isomaltosa, meleziosa, erlosa y turanosa.

Según la Ordenanza de la Miel, el contenido de agua

en la miel sólo puede ser de un 20% como máximo y, según la Asociación Alemana de Apicultores, sólo de un 18% como máximo. El bajo contenido de agua garantiza la estabilidad de la miel. Demasiada agua hace que la miel se estropee rápidamente.

El 2 o 3 % restante de los ingredientes son diversos aminoácidos, proteínas y minerales, así como sustancias vegetales secundarias. En las mieles no filtradas, pueden añadirse trazas de polen y cera. Aunque el porcentaje es tan bajo, estos ingredientes pueden influir en el color y el sabor de la miel.

Tipos de miel

La Ordenanza sobre la Miel prescribe varios términos con los que deben etiquetarse las mieles en función de cómo se obtengan. No confundas el término con las denominaciones tipo de miel/miel varietal.

• **Miel centrifugada**: Esta miel se obtiene centrifugando los panales. Hoy en día es la forma más común de extracción de miel.

• **Miel prensada**: Los trozos de panal se envuelven en tela de malla fina y se colocan en una prensa. La miel gotea por el fondo de la prensa.

• Miel de **panal**: Esta miel se corta del panal creado en la construcción natural. Debe estar libre de cría. El trozo de panal se pone en el tarro y se vende con la miel líquida.

• **Miel por goteo**: los panales se destapan y se colocan de modo que la miel pueda gotear.

• **Miel para hornear/miel para cocinar**: Esta miel es de calidad bastante inferior y no debe consumirse cruda. Sólo es adecuada como alimento después de calentarla.

Variedades de miel y miel varietal - ¿Cuál es la diferencia?

Si especificas un tipo de miel, se hace sin especificar una única fuente. Por ejemplo, puedes elegir como designación "miel de primavera" o "miel de flores de verano". Miel de mielada" también es una designación de tipo de miel. Por supuesto, el tarro también debe contener lo que está escrito en el anverso. Esto es para proteger al consumidor.

Puedes llamar a una miel "miel varietal" si procede predominantemente de una sola cosecha. Más del 60 % de la miel debe proceder de la cosecha en masa, para que puedas llamar a tu miel "miel de colza", por ejemplo. Antes de llamar a tu miel "miel varietal", debes encargar un análisis de laboratorio, porque el hecho de que haya un campo de colza floreciendo al lado no significa que tus abejas también utilicen este campo de colza como fuente de colmena.

Fuente de miel - néctar

La planta produce néctar para atraer a los insectos. El néctar sirve para alimentar al insecto, que también recoge polen cuando visita la planta y lo transporta de flor en flor, encargándose así de la reproducción de las plantas.

Según el tipo de planta, la producción de néctar varía

a lo largo del día. También hay una cantidad máxima de néctar al día, de modo que una flor puede quedar literalmente seca si la han visitado muchas abejas. En los días cálidos, el néctar es algo más concentrado; si hay mucha agua disponible, su consistencia es más líquida. Sin embargo, la cantidad de azúcar es siempre la misma en relación con la cantidad total de néctar por día.

Algunas plantas tienen nectarios extraflorales, que son lugares de recolección de néctar fuera de la flor. Sin embargo, las abejas apenas se acercan a ellos.

Fuente de miel - Honeydew

La melaza es excretada por insectos que chupan la savia de las plantas. En Alemania, se trata sobre todo de pulgones y cochinillas. Las fuentes de melaza son principalmente árboles y arbustos, y en menor medida hierbas y plantas perennes infestadas.

Los pulgones chupan la savia de la planta (llamada floema) para absorber los aminoácidos que necesitan para vivir. Sin embargo, como éstos están presentes en concentraciones muy bajas en el floema, los pulgones tienen que chupar mucha cantidad. Para no reventar de agua, liberan continuamente pequeñas gotitas de melaza, que contiene mucho azúcar además de agua.

Recoger polen

El polen sirve a las abejas como fuente de proteínas, de las que necesitan gran cantidad, sobre todo en primavera. Las abejas tienen un cepillo y un peine en el interior del par de patas traseras. Utilizan estos utensilios para limpiarse de delante hacia atrás tras una visita a las flores y los emplean para peinar el polen que se ha adherido a su pelaje de cerdas. Una vez que el pelaje está libre de polen, lo guardan en las cestas de polen de la parte exterior de las patas traseras. Este proceso sólo puede realizarse en vuelo, ya que la abeja necesita todas sus patas para hacerlo, y el despojo en la cesta siempre se realiza en sentido transversal. Por tanto, el material recogido a la izquierda se guarda en la cesta derecha.

El proceso de recogida y almacenamiento del polen se conoce en la jerga apícola como colmena.

TRACHTPFLANZEN

Las plantas adecuadas para que las abejas melíferas las recolecten no deben tener cálices profundos, ya que la probóscide de la abeja no es tan larga como la del abejorro o la mariposa. Por tanto, las abejas sólo vuelan a las flores con una base floral fácilmente accesible o un embudo floral correspondientemente más corto.

A estas alturas ya conoces el término cosecha masiva. Lo contrario es el llamado Läppertracht, en el que no hay ninguna especie vegetal que domine. En su lugar, el forraje de lapa está formado por muchas flores individuales y diferentes que garantizan el abastecimiento de las abejas incluso entre los forrajes en masa y, por tanto, es de gran importancia para tus colonias. A continuación te presentaremos algunas plantas autóctonas que tienen un significado especial para las abejas. Si tienes la oportunidad de participar en una cata de miel, no dudes en hacerlo. Es sorprendente lo bien que se reconoce el origen de la miel por el sabor de la miel varietal.

• **Avellana**: Corylus avellana; una de las fuentes más importantes de polen en primavera. Sirve para aumentar la cosecha.

• **Sauce**: Salix; sirve para aumentar la cosecha, proporciona polen y néctar. No se dispone de miel de sauce pura, ya que la gente se come rápidamente esta cosecha.

• **Árboles frutales**: manzano, cerezo, ciruelo; posible en zonas frutícolas como cosecha masiva que produce una miel varietal, denominada "miel de flores frutales". Se considera una miel varietal aunque se hayan registrado varios tipos de flores. Aroma: discretamente floral; color: blanco a amarillento pálido; consistencia: cremosa.

• **Colza oleaginosa**: Brassica napus; proporciona una buena cosecha masiva en zonas de cultivo. Buena fuente de polen. La miel varietal de flores de colza pertenece a las mieles de flores. Color: de blanco claro a puro; aroma: suave, dulzón; consistencia: firme y cremosa.

• **Diente de león**: Taraxacum officinale; ofrece un gran suministro de polen y mucho néctar para aumentar la cosecha. La miel de diente de león puede variar según la región. Aroma: fuerte e intenso, a veces acre y penetrante; color: amarillo dorado; consistencia: inicialmente espesa y viscosa, puede cristalizar.

• **Robinia**: Robinia pseudoacacia; cubre un posible vacío entre la colza y la tila. En las zonas urbanas es posible la recolección masiva y la miel varietal, a menudo llamada miel de acacia. Color: acuoso-amarillento, en parte verdoso brillante; aroma: fino, dulzón, muy dulce; consistencia: muy líquida (la fructosa supera a la glucosa, por lo que la miel permanece líquida).

• Tilo: Tilia; excelentes proveedores de polen y néctar, sobre todo en zonas urbanas. Producen abundante mielada debido al pulgón de los tilos. Variedad de miel "miel de tilo" como mezcla de miel de néctar y mielada. Variedad de miel "miel de tilo" como miel de néctar pura. Color: blanquecino, blanco verdoso a amarillento para la miel de tilo. Color de la miel de tilo: amarillento a marrón oscuro. Fuerte olor aromático a menta (mentol).

• **Trébol**: Trifolium; posible como cultivo masivo en zonas donde el trébol se cultiva como forraje. Proporciona abundante néctar y polen. Las abejas no se acercan al trébol rojo de los prados porque sus probóscides son demasiado cortas. Se utilizan como forraje otras especies de trébol, como el trébol blanco, el trébol encarnado, el trébol dulce y el trébol cornudo. Variedad de miel "miel de trébol" posible. Color: claro a blanco amarillento; Aroma: floral, suave; Consistencia: firme-cremosa.

• **Brezo**: Calluna vulgaris; el brezo de retama forma un cultivo masivo en las zonas de brezo en agosto y septiembre. Miel varietal "Heidehonig". Color: ámbar; aroma: especiado, ácido, ligeramente ácido; consistencia: gelatinosa con cristales finos y de grano más grueso.

MIEL - LO QUE HACE LA ABEJA

La abeja recolecta la miel por dos motivos: consumo inmediato o almacenamiento. Los recolectores llevan la miel a la colmena y la entregan a los meleros, que deciden qué hacer con ella según las necesidades. Ya sabes que la producción de miel comienza directamente en la vejiga melífera de las recolectoras mediante la adición de enzimas. Si la abeja llega ahora a la colmena, puede pasar la miel por trofalaxis (la alimentación social). Esto ocurre sobre todo cuando hay pocas reservas de alimento almacenadas en la colonia.

Si disponen de más reservas de alimento, las abejas vacían sus vejigas de miel en el anillo de forrajeo que rodea el nido de cría. La miel almacenada allí está destinada a ser consumida pronto, ya que tiene una vida útil muy limitada como miel inmadura.

La miel que no se consume en las horas siguientes o la noche siguiente es trasladada por los meleros. Succionan la miel inmadura en su vejiga melífera, añaden de nuevo enzimas digestivas y la llevan a la cámara de miel. En el proceso, vuelven a extraer agua de la miel, de modo que la miel madura sólo tiene un contenido de agua del 14 al 18 %. Puede ser necesario trasvasar la miel varias veces para alcanzar este contenido de agua.

La extracción de agua es posible de forma muy eficaz

en la vejiga melífera, mediante las llamadas acuaporinas, que permiten que el agua fluya desde la vejiga melífera directamente a la hemolinfa. En la primera fase, cuando los recolectores transportan la miel a la colmena, surten efecto las enzimas de división del azúcar añadidas. Éstas necesitan agua para su trabajo. Sólo en la segunda fase, cuando los recolectores transportan la miel más a menudo, ya no se necesita agua para la actividad enzimática, el azúcar se divide completamente. Ahora se puede extraer eficazmente el agua restante. Este proceso convierte unos 2,7 litros de néctar en un kilo de miel madura tras la extracción del agua.

Una vez completado el proceso de maduración de la miel, que dura varios días, la miel puede almacenarse en los panales durante varios meses. Para ello, se cubre el panal con cera y sólo se vuelve a abrir cuando la colonia tiene necesidad de alimento. Según la composición de la miel, ésta permanece líquida durante meses. Si cristaliza, las abejas deben licuarla de nuevo antes de poder utilizarla. Para ello se necesita agua.

MIEL - QUÉ HACE EL APICULTOR

Como apicultor, no tienes que hacer nada más para madurar la miel. La miel está lista en cuanto quitas los panales tapados. Recolectas, extraes y envasas.

Eliminación del panal
Sólo debes utilizar el ahumador en pequeña medida para

retirar los panales, pues de lo contrario la miel podría tener sabor a ahumado. Pasa un poco de humo por el agujero de vuelo hacia la colmena para que las abejas se calmen, y luego empieza a retirar los panales terminados. Barre suavemente las abejas en cola de vuelta a la colmena o a un cubo si piensas retirar varios panales, y cuelga el panal libre de abejas en un recipiente de transporte a la espera. Una colmena de panal sólo es adecuada para el transporte hasta cierto punto, ya que debes asegurarte de que los panales permanezcan libres de abejas y de que no lleves contigo ninguno de los pequeños insectos a la casa. Un recipiente con tapa, por ejemplo de plástico apto para alimentos, es más adecuado en este caso.

Inmediatamente después de extraerlos, los panales empiezan a enfriarse. Por lo tanto, tiene sentido procesar los panales directamente, porque la miel es más difícil de extraer de los panales enfriados.

Descubre

El siguiente paso se realiza en el cuarto de centrifugado o en tu cocina. Para facilitarte el trabajo, calienta la habitación al menos a 25 grados para que los peines no se enfríen demasiado rápido.

¡Asegúrate de que la higiene del equipo y de ti mismo es impecable! Ahora tienes que abrir los panales con la horquilla desoperculadora y el arnés desoperculador. Mueve la horquilla de desoperculación lo más plana posible sobre los panales y separa las cubiertas de cera. Introduce estos restos de cera en una cubeta para poder fundirlos y reutilizarlos más tarde. Ten cuidado con los dedos al desopercular. El tenedor de desopercular tiene muchas puntas afiladas, que pueden provocar feas heridas.

Por tanto, trabaja siempre en dirección contraria a tu mano. Como alternativa al tenedor destapador, puedes trabajar con un secador de aire caliente. Esto derrite las delicadas tapas en cuestión de segundos. Trabaja en los panales sólo el tiempo necesario para que el calor no penetre más profundamente y dañe la miel. Este método sólo funciona si tienes ante ti panales que nunca se han utilizado como panales de cría; no hay problema, ya que de todos modos esto es esencial para la extracción higiénica de la miel.

Gira

Hay distintos tipos de extractores, eléctricos o manuales. Para un apicultor aficionado principiante, un extractor manual con espacio para tres o cuatro panales es perfectamente adecuado.

Las centrifugadoras funcionan mediante fuerzas centrífugas y hacen girar la miel fuera de los panales abiertos. Para garantizar un centrifugado sin problemas, debes asegurarte de que la centrifugadora esté equilibrada, es decir, que esté cargada de panales de forma equilibrada. Así, en una centrifugadora con espacio para tres panales, siempre debe haber tres panales. En una centrifugadora para cuatro panales, siempre se trabaja con cuatro o con dos panales, que en este caso están enfrentados.

Con las centrifugadoras tangenciales, sólo se vacía el lado del peine que mira hacia fuera. Así que, en este caso, empieza con una centrifugación lenta para vaciar los peines que miran hacia fuera hasta que quede un resto. A continuación, da la vuelta a los peines, empieza de nuevo con un número lento de revoluciones y aumenta la velocidad continuamente hasta que los peines exteriores se vacíen. Ahora gira los panales una segunda vez e hila la primera cara completamente seca.

Para evitar la rotura del panal, sigue exactamente las instrucciones descritas anteriormente. Si centrifugaras la primera cara en seco a gran velocidad, actuarían grandes fuerzas sobre la cara aún llena del panal, lo que provocaría rápidamente la rotura del panal. Los alambres que no están bien tensados en el bastidor también provocan la inestabilidad del panal y la rotura del panal se produce más rápidamente.

Tamizar y colar

Inmediatamente después del centrifugado, pasa la miel líquida por dos tamices para eliminar de la miel las partículas de cera, las de propóleo, el polen y otras impurezas.

Empieza con el tamiz grueso y filtra la miel a través del tamiz fino en el recipiente colector situado debajo de la centrifugadora. El tamiz fino tiene un tamaño de malla de 0,2 mm.

Consejo: Durante el hilado, el tamiz grueso puede obstruirse. Sobre todo si se añaden partículas de cera más grandes, por ejemplo si se rompe el peine. En este caso, debes detener el proceso de hilado y limpiar primero el tamiz para evitar que se desborde.

A continuación, pasa la miel por un tejido de nailon. Este tejido tiene una superficie de malla de unos 2 mm², por lo que retiene incluso las impurezas más finas. Para que el proceso de tamizado y colado sea eficaz, procura que la temperatura de la miel se mantenga entre 25 y 30 grados, ya que la miel demasiado fría cristaliza rápidamente y obstruye los tamices. En este caso, atempera la miel, pero ten cuidado de no llegar nunca a una temperatura superior a 40 grados, ya que dañaría la miel por el calor.

Desnatado

La miel ya tamizada y colada se guarda en un recipiente grande y se remueve a fondo una vez para combinar la miel de todos los panales. Después se cierra herméticamente este recipiente y se deja reposar la miel a temperatura ambiente durante unos días. Durante este tiempo se produce la clarificación. Las partículas de cera más finas y las burbujas de aire suben a la superficie durante la clarificación y se acumulan como capa superior. Como la miel antes turbia se vuelve más clara durante este proceso, se denomina clarificación. Una vez completada la clarificación, puedes retirar la capa superior con una rasqueta o un cucharón.

Cristalización

Una solución de azúcar saturada cristalizará tarde o temprano. Esto significa que las moléculas individuales de azúcar se acumulan para formar cristales de azúcar, que se acumulan en el fondo de la solución. El momento en que cristaliza una miel depende de la proporción de glucosa y fructosa. La glucosa cristaliza antes que la fructosa. Por tanto, si tu miel contiene más glucosa, la cristalización se produce antes; el mejor ejemplo es la miel de colza, que se endurece muy rápidamente. Si tu miel contiene más fructosa, permanece líquida más tiempo, como ocurre con la miel de robinia, la miel de tilo y la miel de melazo.

Remueve

Para conseguir que una miel sólida se vuelva cremosa e influir eficazmente en su consistencia, ahora tienes que removerla. Cada miel es diferente y removerla es un arte en sí mismo. Requiere práctica y algo de experiencia hasta que consigas remover bien y así también lograr la consistencia que tienes en mente. Así que no te decepciones si no funciona satisfactoriamente la primera vez.

Las mieles líquidas, como las mieles de robinia y las mieles de melazo, no necesitan agitarse, pues permanecerán líquidas durante mucho tiempo. Las mieles en flor de la cosecha temprana deben removerse siempre, pues de lo contrario pueden solidificarse tanto que tengas que sacarlas del tarro.

Al remover, creas movimiento dentro de la miel y fricción entre los cristales individuales de glucosa. La glucosa está presente en la miel sin agitar reunida en grandes cristales que precipitan (cristalizan) rápidamente y forman compuestos duros. Estos grandes cristales de glucosa se rompen y reducen de tamaño mediante el proceso de agitación, de modo que la miel adquiere una consistencia cremosa y permanece "líquida" o cremosa durante mucho tiempo. Para conseguirlo, la miel debe agitarse durante el tiempo de cristalización. Una vez que la miel se ha endurecido, es difícil volver a hacerla cremosa. Tienes que averiguar el momento adecuado para empezar a remover la miel. Para ello, llena un tarro de miel fresca inmediatamente después de desespumarla y colócalo de forma que puedas mirar el tarro todos los días. Si la miel empieza a enturbiarse, es señal inequívoca de que está empezando a cristalizar. Ahora empieza a remover (o apisonar) la miel. Remueve la miel de 5 a 10 minutos al día, cinco días seguidos. Esto debería bastar para crear una miel cremosa.

Remueve tan lenta y uniformemente que la miel no haga espuma, pero al mismo tiempo tan rápida y minuciosamente que no queden rincones muertos donde la miel no se mueva. Toda la miel debe moverse. La agitación propiamente dicha siempre tiene lugar bajo la superficie de la miel. Entre los episodios de agitación, guarda la miel a una temperatura de 10 a 20 grados.

Inoculación de mieles de verano
En el caso de las mieles de la cosecha de verano, a veces ocurre que cristalizan muy tarde. Para entonces, las mie-

les suelen estar ya llenas y ya no es posible influir en el proceso. Por eso, puedes acelerar el proceso de cristalización inoculando la miel con un activador.

Para ello, añade entre un 3% y un 5% como máximo de miel cremosa ajena a la miel ya espumada y empieza a remover en cuanto empiece la cristalización. Ten cuidado de no añadir demasiada miel ajena, de lo contrario distorsionarás el carácter de la miel. Esto no es malo, pero se pierde el sabor característico de los distintos tipos de miel, que también forma parte del atractivo de hacer tu propia miel.

Si prefieres una miel líquida de verano, simplemente omite este paso.

Llenado

Lo ideal es que el tarro en el que has removido la miel tenga un grifo de salida en la parte inferior por el que puedas verter la miel directamente en los tarros. Asegúrate de que los tarros están perfectamente limpios y de que no los has pulido con un paño de cocina o similar. Esto hará que entre pelusa en el tarro, que acabará en la miel. En su lugar, saca los tarros secos directamente del lavavajillas. Debes etiquetar cada uno de tus tarros de miel, aunque sólo hagas la miel para tu propio consumo. Así siempre sabrás exactamente cuándo lo has llenado, qué fuente de tracht se ha aplicado (probablemente) a la miel y, por ejemplo, de qué colonia de abejas procede tu miel.

Si produces para la venta, debes cumplir los requisitos legales de etiquetado. Debes obtener más información al respecto adquiriendo un certificado de competencia profesional.

Calendario apícola: tu lista de control exhaustiva para el año apícola

En los capítulos anteriores ya has aprendido mucho sobre los industriosos productores de miel con los que quieres trabajar. Te han permitido aprender cómo se desarrollan las abejas a lo largo del año, qué procesos atraviesan como colonia y qué tareas implican para ti como apicultor (principiante). Para hacerlo un poco más manejable, puedes utilizar el siguiente plan anual como una pequeña chuleta que te dé una visión general de tus actividades a lo largo del año. Además, pide consejo a apicultores experimentados y/o a asociaciones de apicultura, desarrolla un sentimiento y, sobre todo, observa a tu colonia de abejas con respecto a las tareas que tienes por delante durante estos meses, para llevar a tus abejas a lo largo del año de forma adecuada a su especie. Dado que la alimentación invernal sienta las bases para el siguiente año apícola, nuestro plan comienza en agosto. No olvides que el clima de las estaciones respectivas -a diferencia de la duración de la luz diurna- puede variar de un año a otro según la región. Así que puede ocurrir que tus actividades también se desvíen ligeramente en el tiempo del plan aquí presentado. Para más información, lee paralelamente sobre la colonia de abejas durante el transcurso del año a partir de la página 70 y atente a los factores allí descritos.

Agosto:

• Inspección semanal de la colmena
• Enjambre artificial
• Tratamiento Varroa (con ácido fórmico)/TBE
• Alimentación en invierno: mejor una mezcla de solución azucarada y néctar registrado

Septiembre:

• Inspección semanal de las abejas
• Finalización de la alimentación de invierno: deben almacenarse unos 20 kg de reservas
• Comprueba de nuevo si aumenta la infestación de ácaros, si es necesario retoca con preparados de ácido oxálico
• Vuelve a polinizar las colonias antiguas
• Estimar las existencias de miel
• Coloca la protección para ratones en el orificio de vuelo
• Reduce el tamaño de los agujeros de vuelo y elimina los restos de comida del exterior de la colmena: protección contra la depredación.
• Ordena el panal

Octubre:

• Inspección de las abejas cada quince días (no más inspecciones importantes de la cámara de cría)

- Comprueba si la cantidad de alimento es suficiente
- Agujero de vuelo estrecho
- Comprobación de la sabiduría del pueblo
- Sustituye la reina si es necesario
- Tratamiento de la cera; fundición de peines viejos
- Limpieza y desinfección de marcos viejos
- Remover, inocular y embotellar la miel (preparar el negocio de Navidad)

Noviembre:

- Avistamientos rutinarios desde el exterior
- Ajusta la cámara de cría al tamaño de la colonia para la próxima primavera.
- Asegura una invernada tranquila: comprueba la estabilidad de la caña, evita que las ramas circundantes, las ramitas, etc. perturben la superficie.
- Comprobación de daños tras tormentas y rachas de viento
- Evaluar los registros del año: Reflexionando sobre los últimos meses
- Aclarar la cera fundida
- Producción de velas
- Preparación del negocio de Navidad/Aviento

Diciembre:

- Última apertura de la colmena: mitigación residual de los alvéolos de los panales con solución de ácido oxálico dihidratado, documenta el tratamiento en el libro de existencias con fecha, número de colonia y cantidad (utiliza la solución sólo una vez en invierno).

• Controles externos

• Fundición de velas con auténtica cera de abeja

• Preparación para los mercados de Navidad

Enero:

• Descansando en la colmena

• Controles semanales para detectar daños externos en la colmena

• Limpiar y reparar herramientas y equipos, así como cuadros, colmenas, paredes centrales, etc. para mantenerlos en buen estado.

• Obtén información a través de cursos de apicultura en línea, libros de no ficción y conferencias.

• Obtener el material necesario para el próximo año apícola

Febrero:

• Controles semanales para detectar daños externos en la colmena

• Preparar, reparar o construir nuevos cuadros y colmenas

• Eliminación de los residuos invernales del suelo

• Retira inmediatamente las colonias muertas y funde los panales

En marzo:

• Observa el agujero de vuelo: ¿Cuándo salen volando las abejas? ¿La colonia ya está cuidando de la cría?

• Cuando empiece a hacer calor, realiza con precaución las primeras comprobaciones de los piensos y reabastécelos si es necesario.

• Controla sistemáticamente la adaptación de la cámara de cría: Amplía el nido de cría de forma controlada

• Unificación de pueblos sin hermanos o débiles

• Sigue eliminando las colonias muertas

• En caso de invernada bicelular, retira las cámaras de cría inferiores, ahora vacías.

• Limpieza y desinfección de marcos usados

• Acabado de los marcos y partes de la colmena restantes

• Prepara el material para la próxima temporada

Abril:

• Comprueba las existencias de forraje a principios de mes: unos cinco u ocho kilos deben estar disponibles para protegerse de posibles olas de frío.

• Comprueba semanalmente si hay celdas reales

• Coloca cámaras de miel a mediados y finales de mes

• Inserta un marco para drones a mediados y finales de mes

Mayo:

• Comprueba semanalmente la colonia de abejas

• Cuando empiece el enjambre, retira las abejas para crear nuevos esquejes más pequeños (ahuecamiento).

• Alternativa: Dejar que las abejas formen enjambres y capturar las celdas de enjambre que se hayan formado

• Recorta fotogramas de drones cada quince días

• Ampliaciones oportunas de la cámara de miel

• Cría de las reinas

• Primera cosecha de miel, también para evitar la enjambrazón

Junio:

• Formación de vástagos: el desarrollo de colonias grandes favorece la multiplicación

• Comprueba si hay celdas reales al menos una vez a la semana

• Recorta fotogramas de drones cada quince días

• Cría de las reinas

• Llevar la caja de apareamiento al lugar de apareamiento

• Segunda cosecha de miel

Julio:

• Comprueba si hay celdas reales al menos una vez a la semana

• Seguir ahuecando

• Prepara la última cosecha de miel

• Controla la carga de ácaros y trata los parásitos

• Comprueba el nivel de alimento y cría de las colonias, ajusta la cantidad de abejas mediante la eliminación de la cría

• Crear nuevas colonias con reinas criadas

Y ahora, ¡a la colmena!

Este libro podría darte una visión detallada de la apicultura y de la anatomía y fisiología, así como del comportamiento de la abeja melífera. Sin embargo, sólo estás al principio de tu carrera y al principio de un sinfín de conocimientos que puedes alcanzar como apicultor para mejorar constantemente y hacer justicia a tus abejas. Aprovecha todas las ofertas que te ofrece tu asociación de apicultores: Perfeccionamiento, formación o acceso a la biblioteca de la propia asociación.

Conseguir un apicultor mentor es una recomendación absoluta. Un apicultor experimentado a tu lado puede salvarte de muchos errores de principiante y garantizar así que te diviertas y disfrutes de tus propias abejas.

Si tu afición crece y prospera hasta el punto de plantearte vender miel con fines comerciales, recuerda también que esto entra dentro de la Ley Alimentaria y tienes que cumplir ciertos requisitos. Continúa tu formación y adquiere un certificado de aptitud. Tu asociación de apicultores puede ayudarte con esto.

Y por último, pero no por ello menos importante, no olvides nunca que la apicultura debe ser divertida. Disfruta de tus abejas y trabaja con curiosidad e interés. Al final, no hay nada más hermoso que una colonia de abejas sana y fuerte, y la miel te sabrá aún mejor de lo que ya te sabe, ¡porque la has hecho tú mismo por completo!

(¡Con la ayuda de tus abejas, por supuesto!)

Lista de términos técnicos

A

- Vástago: Colonia joven que el apicultor ha tomado de otra colonia para evitar la enjambrazón. Un vástago suele consistir en varios cuadros con paredes centrales en una colmena vacía, a los que se añaden varios panales de cría. También se toman las abejas adheridas.

- Feromona de alarma: las abejas guardianas emiten esta feromona cuando la colonia es atacada. Esto alerta a las demás abejas y el enemigo queda marcado por la feromona.

- Colonia antigua: colonia que ha hibernado con éxito durante al menos un año. También llamada colonia económica.

- Loque americana: enfermedad bacteriana de las abejas causada por *Paenibacilus larvae larvae*. Enfermedad animal de declaración obligatoria.

- Abejas nodrizas: Abejas obreras de 4 a 10 días que cuidan de la cría.

- Apis mellifera: nombre científico de la abeja melífera.

- Obrera: numéricamente el tipo más poderoso de la colonia de abejas. Hembra, realiza todo el trabajo de la colmena excepto la puesta de huevos (reina) y el apareamiento (zánganos).

- La primera cosecha del año, traída en primavera, se utiliza para el desarrollo de la colonia.

B

- Abeja constructora: Obrera responsable de la construcción del panal. Se caracteriza por tener una glándula de cera activa en el abdomen.

- Puesta de alfileres: La reina pone huevos, llamados alfileres, en los panales de cría preparados. El proceso se denomina empollar.

- Colmena: El alojamiento de las abejas proporcionado por el apicultor. La colmena de revista es la forma más común.

- Abeja: La colonia de abejas en su totalidad, junto con los almacenes y el panal, se llama abeja. Esto deja claro que toda la colonia funciona como una unidad.

- Pan de abeja: Mezcla de polen, miel sin madurar y secreciones digestivas de las abejas, almacenada en el borde del comedero.

- Abeja reina: abeja hembra que es la única abeja de la colonia que es fértil y puede poner huevos. Cuida de todas las crías de la colonia.

- Pastos para abejas: suma de todas las fuentes de polen disponibles para las abejas.

- Cría: la descendencia de la colonia de abejas. Incluye huevos, larvas y pupas.

- Colmena de cría: Forma de la cría, formada por el apicultor. Contiene la cría en todas sus fases: huevos, larvas, pupas.

- Nido de cría: núcleo de la colonia de abejas. Es donde se cría la cría. Es el lugar donde suele encontrarse la reina.

- Cámara de cría: Parte de la colmena donde se encuentra el nido de cría.

- Panal de cría: La parte del panal, en las colonias más grandes hay varios panales, que la reina utiliza para poner huevos.

C

- Quitina: Polisacárido de hongos, artrópodos e insectos. Forma la estructura y la estabilidad del exoesqueleto.

D

- Zángano: Abeja macho que se desarrolla a partir de un huevo no fecundado. Su única tarea es aparearse con una reina de otra colonia. El zángano muere en el proceso.

- Marco para zánganos: Marco preparado de tal forma que las abejas crían en él principalmente larvas de zángano.

E

- Inducción: Una reina colocada en la colonia por el apicultor. El proceso se denomina inducción.

- Exoesqueleto: esqueleto externo de los artrópodos. Opuesto al esqueleto interno de los vertebrados. Formado por quitina.

F

- Cuerpo graso: órgano comparable al hígado. Necesario, entre otras cosas, para sintetizar la cera.

- Agujero de vuelo: la abertura de entrada y salida de la colmena. Salvo algunas excepciones, siempre está abierto para que las abejas puedan entrar y salir volando.

- Anillo de alimentación: suministro directo de alimento en las inmediaciones del panal de cría. Sirve para alimentar directamente a la reina y a la cría.

G

- Jalea real: también llamada secreción de la glándula cefálica, jalea real. Producida por las abejas nodrizas para alimentar a la reina y a la larva que madura para convertirse en reina. Todas las larvas de abeja reciben este jugo alimenticio durante los 3 ó 4 primeros días. Después, sólo la reina.

- Gemüll: Tipo de inspección de la caña en la que se inspeccionan los restos de la placa de tierra para realizar un diagnóstico sanitario y una inspección general de la caña.

- Saco del veneno: Situado en la parte posterior del abdomen, contiene el veneno y forma parte del aparato urticante. Se vacía al picar. Una vez vaciado, no se repone más veneno. El aparato urticante, incluido el saco del veneno, se arranca cuando pica a un mamífero, a través de su piel más gruesa. La abeja muere en el proceso.

H

- Hemolinfa: equivalente sanguíneo de los insectos. Transporta nutrientes, hormonas, calor y productos de descomposición.

- Vejiga melífera: especie de buche situado al final del esófago. Sirve para almacenar y transportar la miel. La miel de la vejiga melífera puede salir al exterior a través de la probóscide.

- Mielato: excreciones de los pulgones de las hojas y la corteza. Mezcla de azúcar y agua.

I

- Imago: insecto adulto.

- Inoculación: Se utiliza para iniciar el proceso de cristalización en ciertos tipos de miel.

J

- Jóvenes: Personas que han surgido en el transcurso del

año natural en curso.

K

- Kairomonas: Sustancias mensajeras que no son feromonas. Se utilizan para la comunicación entre distintas especies. Las kairomonas de las abejas son captadas por los ácaros, por ejemplo.

- Sustancia reina: Secreción de las glándulas mandibulares de la reina. Actúa como feromona y favorece la cohesión de la colonia.

- Enjambre artificial: Posibilidad de formar un vástago de la propia colonia. El enjambre se simula para garantizar un nuevo comienzo de la colonia lo más parecido posible a la naturaleza. No se toman crías ni otros panales de la antigua colonia.

L

- Marco vacío: Marco sin pared central y sin alambre. Utilizado por las abejas como opción de construcción natural.

M

- Colmena revista, o revista para abreviar: Consta de un suelo, al menos un marco y un techo. Adecuada para alojar abejas. Tras quitar el techo, cada panal puede sacarse individualmente desde arriba.

- Pared central: Placa de cera de abeja fabricada artificialmente que se cuelga en los marcos para facilitar a las abejas la construcción de los panales.

N

- Celda de recreación: tras la pérdida de una reina, la colonia puede criar una nueva reina, siempre que haya larvas en la colonia que no tengan más de tres días. Los panales de larvas se convierten en celdas de recreación.

- Construcción natural: la realizan las abejas en marcos vacíos. Se realiza sin una pared intermedia predefinida. Se considera la forma más original de construcción de panales.

- Néctar: líquido azucarado de las flores de la mayoría de las plantas. Sirve para atraer a las abejas, que utilizan el néctar como alimento.

O

- Vuelo de orientación: los primeros vuelos que realizan las abejas fuera de la colmena. Después de la transferencia o después de la eclosión, en cuanto la abeja de la colmena se convierte en abeja voladora.

P

- Feromonas: sustancias mensajeras y atrayentes de las abejas, que se liberan al exterior y sirven para la comunicación de la colmena.

- Polen: también llamado polen. Sirve para la reproducción sexual de las plantas, lo esparcen las abejas volando a su alrededor. Las abejas lo recogen como fuente de proteínas.

- Pan de polen: véase pan de abeja

- Propóleo: La resina de masilla de las abejas. Se recoge de las escamas de las yemas de algunas especies de árboles, sobre todo álamos, abedules, alisos y castaños. Se le añade saliva y cera. Sirve para sellar el palo contra las corrientes de aire y la humedad. Tiene un efecto antibacteriano.

- Abeja limpiadora: Abeja directamente después de la eclosión. Sus tareas se limitan a limpiar la colmena, especialmente los panales de cría.

Q

- Graznido: Las reinas nacidas en las celdas reales emiten este sonido para comprobar si todavía hay una reina vieja en la colmena.

R

- Vuelo de limpieza: Las abejas no defecan en la colmena. Para deshacerse de los excrementos, realizan vuelos de limpieza.

S

- Abeja recolectora: Abeja responsable de la recolección de la vid. Etapa final del desarrollo de la abeja.

- Danza de la cola: forma compleja de comunicación. Las abejas informan a sus compañeras de colmena sobre la calidad y cantidad de la fuente del polen.

- Enjambrazón: La enjambrazón, es decir, la formación de un enjambre de abejas, ocurre cuando la colonia se hace demasiado grande para el alojamiento actual. Parte de la colonia se desplaza y busca un nuevo hogar.

- Celda de enjambre: también celda reina. Celda de cría en la que se cría una nueva reina.

- Ahumador: Utensilio que produce humo que se dirige a la colmena para calmar a las abejas.

- Abeja de verano: abeja nacida en verano, incuba entre marzo y agosto. El tiempo de supervivencia es de unas 6 semanas.

- Miel varietal: miel monovarietal procedente de la recolección de especies vegetales individuales.

- Abejas rastreadoras: Exploradoras de las abejas. Buscan nuevas fuentes de miel o viviendas durante la enjambrazón.

- Abeja de la colmena: todas las obreras en los primeros 20 días de su vida. Durante este tiempo no salen de la colmena.

- Mapa de la colmena: La contabilidad de la apicultura, en

la que se anota todo lo relativo a la respectiva colonia de abejas.

- Cincel de colmena: herramienta típica de la apicultura. Pequeño cincel metálico para aflojar marcos y cuadros atascados y para recortar la estructura natural.

T

- Tracht: El conjunto de polen, néctar y melaza. La base nutricional de la colonia de abejas y la base de una buena cosecha de miel.

- Trachtlücke: La falta de suficiente vid para mantener la colonia. Suele ocurrir en zonas rurales cuando termina la cosecha masiva de los cultivos agrícolas.

- Trofalaxis: alimentación social. Así es como las abejas intercambian el contenido de sus vejigas melíferas. No se trata sólo de un intercambio de alimentos, sino sobre todo de feromonas e información. La sustancia de la reina se distribuye en la colonia mediante la trofalaxis.

U

- Reposición: Sustitución de la reina de la colonia. Se produce una repoblación silenciosa con una reina vieja, incluso sin la intervención del apicultor.

V

- Ácaro Varroa: Varroa destructor: Parásito de las abejas, que hoy en día está presente en casi todas las apiculturas.

W

- Panal: Los nidos de abeja están formados por varios panales. Los panales tienen varias funciones. Se utilizan para almacenar miel y para criar crías de forma segura. Los panales de miel se utilizan para almacenar la miel, y los panales de cría para criar las crías.

- Weisel: otra palabra para designar a la abeja reina.

- Abeja de invierno: Abejas que nacen entre agosto y septiembre. Viven hasta marzo/abril del año siguiente y, por tanto, tienen una esperanza de vida significativamente mayor que las abejas de verano.

- Colonia económica: véase Antigua colonia

Z

- Marco: Parte de la colmena de revista. En los cuadros cuelgan los marcos con los panales.

- Jaula de adición: Pequeña jaula para la abeja reina para facilitar la adición a una nueva colonia y evitar que la reina muera a manos de la colonia.